자기계발 뇌과학

자기계발 뇌과학

지은이 이명철
발행일 2021년 2월 26일 발행인 이진숙
펴낸곳 충남대학교출판문화원 주소 대전광역시 유성구 대학로 99
전화 042-821-6045 홈페이지 http://www.cnupress.co.kr E-mail cnupress@cnu.ac.kr

ISBN 979-11-6503-107-7 03470
정가 14,000원

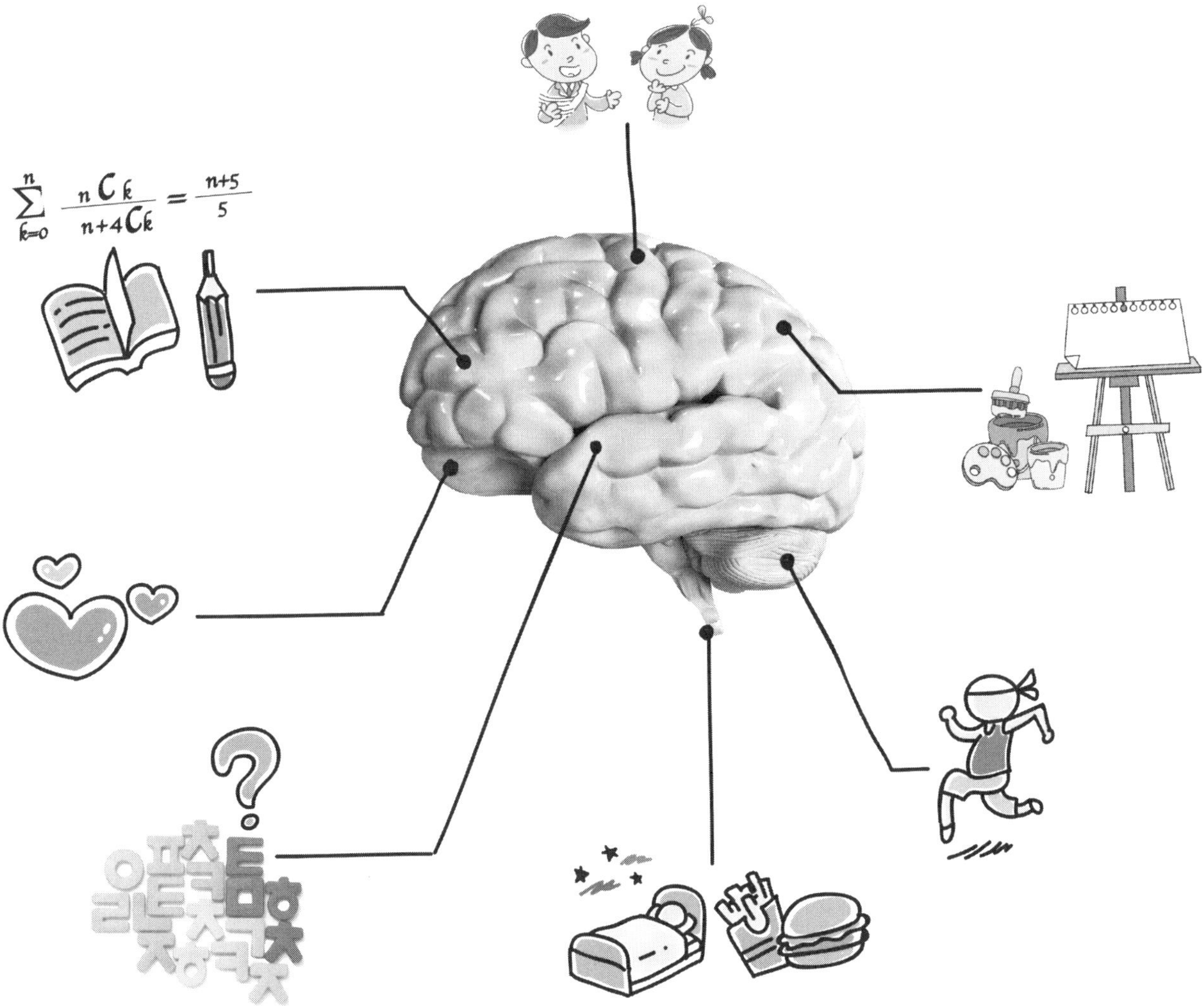

이명철

자기계발 뇌과학

충남대학교출판문화원

몸은 마음을 담는 그릇이다.

마음은 몸이 만들어내는 심리적인 상태를 일반적으로 나타낸다.

“자기계발 뇌 과학”은 몸과 마음의 관계를 뇌와 지능의 관계에 대해서 다양한 주제로 논하고자 한다. 인간의 지능에 관하여 우리가 일반적으로 갖고 있었던 대표적인 개념은 지적 능력으로서, 이는 IQ (Intelligence Quality)라는 수치에 잘 반영되어 왔다. 그러나 1978년 미국 하바드 대학교 교육학과 가드너 (Gardener) 교수는 인간의 지능을 일곱 가지로 나누어 인간이 지니고 있는 다양한 지능을 강조하였다. 일곱 가지 지능은 지적, 언어적, 사회적, 예술적, 음악적, 심리적, 운동 능력으로 구분된다.

생명체의 정의는 자신과 동일한 개체를 반복할 수 있는 개체이다. 인간도 생명체로서 자신의 육체를 유지하고 번식한다. 이러한 행위는 일상적인 생활에서 기본적인 세 가지 욕구, 즉 수면욕, 식욕 및 성욕을 바탕으로 이루진다.

따라서 이 책은 인간의 일곱 가지 지능과 세 가지 기본적인 욕구를 골자로 하는 14 개의 주제를 담고 있다. 각 주제는 두 개의 단원으로 이루어진다. 첫째, 우리가 우리의 능력을 개발하고 욕구에 따라 행동하는 과정에서 뇌의 생물학적 양상과 기능을 우선적으로 다룬다. 둘째 특정한 능력 또는 욕구를 효과적이고 긍정적인 차원에서 다룰 수 있는 방법을 논한다.

대학생활을 시작한 새내기들은 대학에서 각자의 소양과 재능을 발견하고 개발하여 사회에서 자신이 가장 잘 할 수 있는 일을 즐기면서 풍요로운 삶을 누림으로써 사회의 중요한 일원이 되고자 한다. 이 책은 대학교 새내기들의 실질적인 필요에 답을 제공할 뿐만 아니라 대학의 일상생활을 자기 주도적으로 관리하고 추진할 수 있는 지식과 방법론을 제공하고자 한다.

저자 이명철

Chapter 01

인간의 뇌

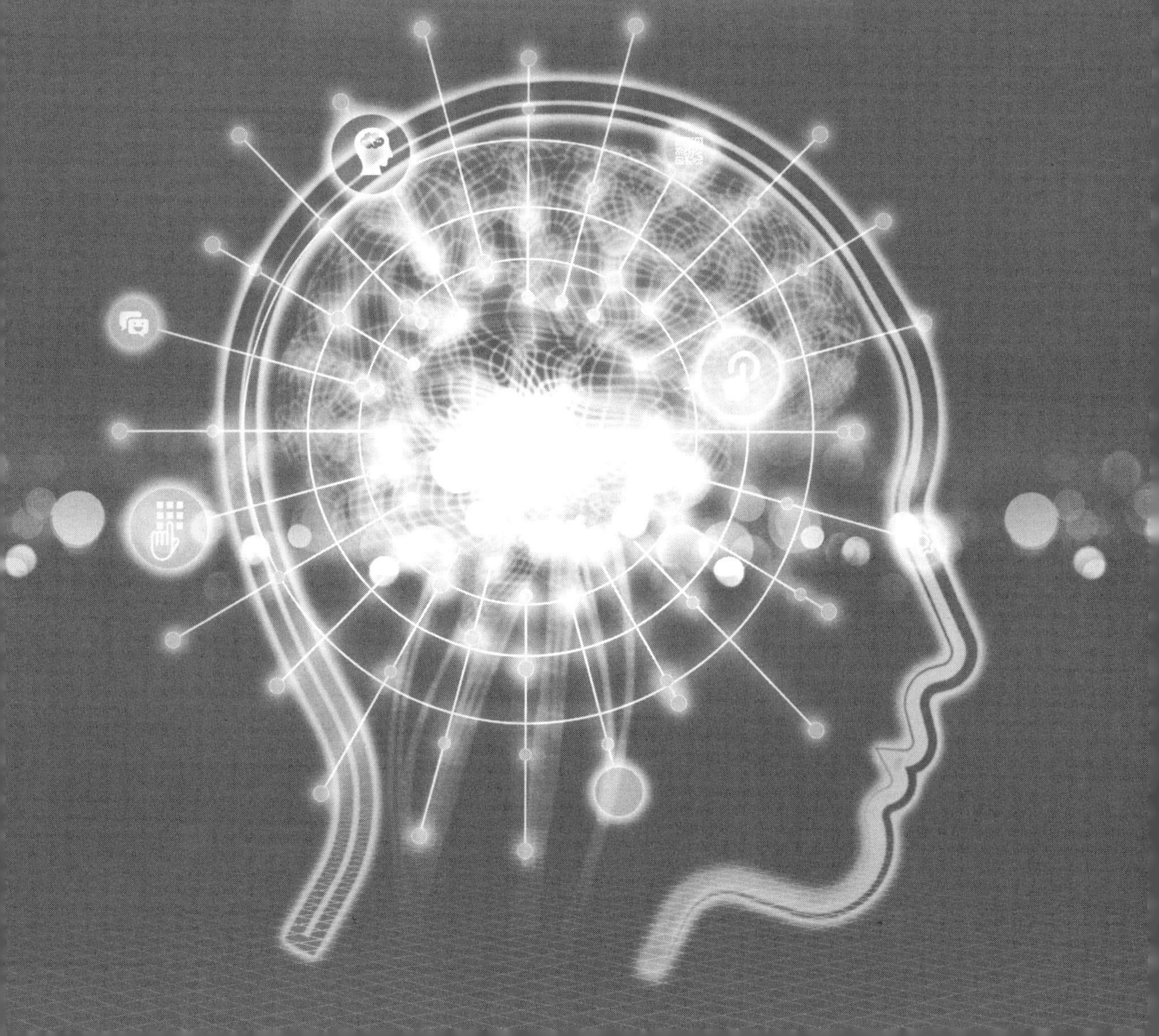

인간의 뇌

우리는 사회생활을 하면서 자기를 소개하는 이력서를 적는다. 이름과 나이로 시작해서 학력, 경력, 직업, 자격증 및 자신의 인생관 등이 이력서의 골자를 이룬다. 따라서 이력서의 내용은 자신의 정체성을 간략하고도 효율적으로 나타낸다. 우리들의 정체성은 시간과 환경에 따라 변화하며 이러한 변화들의 대부분이 뇌를 통해서 이루어진다. 이러한 의미에서 뇌의 기능이 우리의 정체성을 결정하는데 가장 많은 비중을 차지하는 인체의 일부라고 할 수 있다. 제 1 장에서 우리는 뇌를 구성하는 세포인 뉴런의 구조와 기능을 먼저 파악하고 뉴런들이 연결되어 형성하는 뇌의 구조와 기능을 살펴보고자 한다.

1. 신경세포

1-1 뉴런: 뇌를 구성하는 기본 단위;

인간의 뇌를 구성하는 뉴런의 수는 900억 개 내외로 추정된다. 뉴런은 신경계를 구성하는 기본 단위의 세포이다. 뉴런은 하나의 세포로써 신경세포의 기능을 수행하기에 적합하도록 고도로 발달된 특수한 구조를 가지고 있다 (그림 1). 뉴런은 신호를 접수하고 전달하는 특수한 임무를 완수하기 위하여 일반 세포와 매우 다른 구조를 가지고 있다. 신호를 접수하는 수상돌기는 동시다발적으로 되도록 많은 수의 정보를 감당하기 위하여, 아래 그림에서 볼 수 있는 것처럼 많은 수의 가지를 가진다. 접수한 신호를 먼 거리에 있는 다른 뉴런에 전달하기 위하여 축색은 가늘고 기다란 구조로 발달되어 있으며, 축색말단은 많은 수의 수상돌기와 동시다발적으로 접속하기 위하여 많은 수의 가지를 갖는다. 뉴런의 핵은 수상돌기와 가까운 위치에 있으며 이 부위를 세포체라고 부른다. 뉴런의 크기는 지름이 4 마이크론에서부터 100 마이크론 (0.1 mm)에 이르기까지 다양하다. 축색의 길이도 센티미터 단위에서부터 미터 단위에 이르기까지 더욱 다양하다. 축색을 따라서 전달되는 전기화학적 신호는 초당 40 미터 이상의 속도로 전달되는데, 이는 우리의 뇌에서 시작된 신호가 말초신경에 전달되는 데 걸리는 시간은 0.05초 미만이라는 얘기다. 놀라운 속도이다. 뇌과학자 헤르큘라노-후젤 (Herculano-Houzel) 박사는 최근에 네이쳐 파드캐스트에서 인간의 뇌는 약 860억 개의 뉴런으로 이루어진다고 보고하였다.

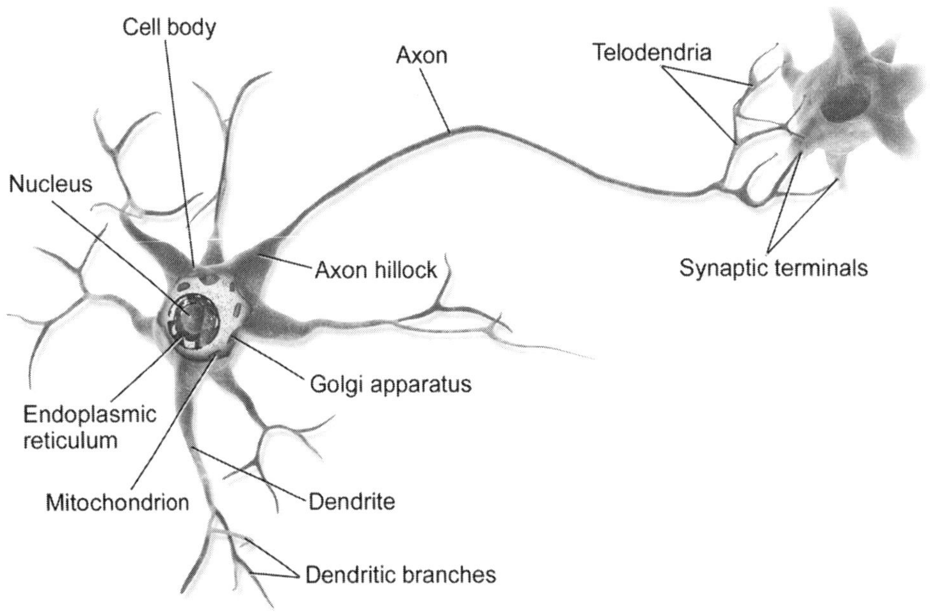

(그림 1) 뉴런의 구조; 유전자 물질 DNA를 가지고 있는 핵, 핵을 둘러싸는 세포체(cell body), 수상돌기(dendrite), 축색(axon), 축색말단(axonal terminal).
https://commons.wikimedia.org/wiki/File:Blausen_0657_MultipolarNeuron.png#/media/File:Blausen_0657_MultipolarNeuron.png

1-2 신경 아교세포

신경 아교세포는 성상세포 및 과소돌기 두 종류로 나뉜다. 아래 그림에서 나타낸 바와 같이 성상세포는 별모양을 하고 있어서 지어진 이름이다. 성상세포는 포도당 농도의 측정, 글리코겐의 저장 및 포도당 공급을 통하여 뇌에 에너지원을 공급하는 일을 한다. 또한 혈액뇌장벽 (blood-brain barrier)를 형성하여 뇌를 보호하는 역할을 한다. 희소돌기 아교세포 (Oligodendrocyte)는 신경교세포의 한 유형이다. 주요 기능은 말초신경계에서 슈반 세포에 의해 수행되는 기능과 같이 척추동물의 중추신경계에서 축삭을 지지하고 절연하는 것이다. 희소돌기아교세포는 지질과 단백질의 비율이 8:2인 미엘린 수초로 절연한다. 희소돌기아교세포 하나는 각 축삭마다 미엘린 수초 약 1 ㎛를 축삭 50개에까지 연장할 수 있다. 슈반 세포는 이와 달리 축삭 하나에만 수초를 형성한다. 각 희소돌기아교세포는 인접한 축삭 여러 개에 미엘린 한 분절을 형성한다.

2. 시냅스: 축색말단과 수상돌기가 만나는 지점이다.

하나의 뉴런에서 나온 축색말단은 다른 뉴런의 수상돌기에 도달하여 시냅스 (Synapse)를 이룬다. 시냅스에서 시냅스전 뉴런의 축색말단이 분비하는 신경전도물질 (Neurotransmitter)이 시냅스후 뉴런의 수상돌기에 있는 신경전도물질 수용체와 결합함으로써, 하나의 뉴런에서 다음 뉴런에 신호가 전달된다(그림 2). 수상돌기와 축색돌기는 동시다발적으로 여러 가지의 시냅스를 형성하여 복잡성이 극대화된 뉴런망 (Neural Network)을 형성할 수 있다. 사람의 뇌는 약 1조 개의 뉴런으로 구성되어 있다. 하나의 뉴런은 20,000 내외의 연결점을 형성하여 1,000조 개 이상의 시냅스가 사람의 뇌에 있는 것으로 추정한다.

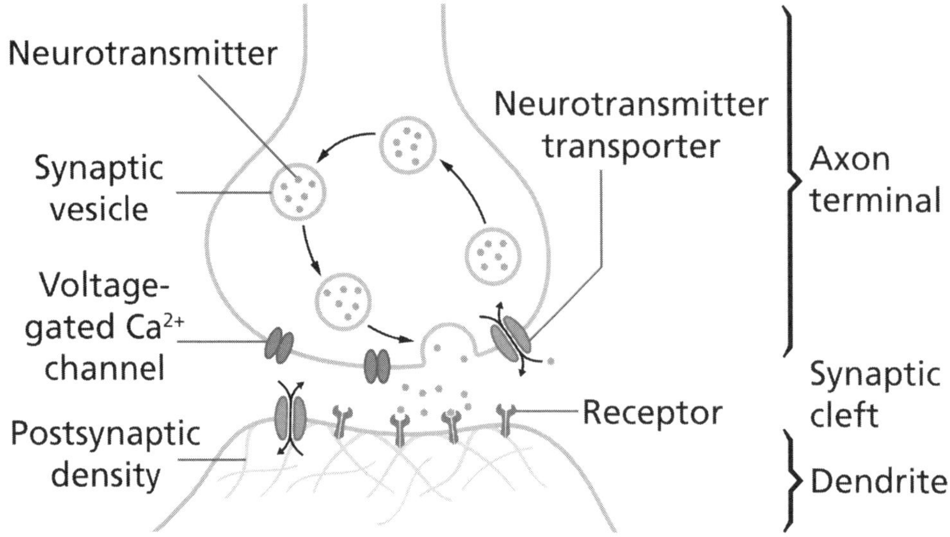

[그림 2] 시냅스의 구조; 신경전달물질(초록색 알갱이)을 담고 있는 소포를 많이 가지고 있는 시냅스전 축색 말단(axon terminal)이 신경전달물질 수용체를 세포막에 갖는 시냅스후 수상돌기(dendrite)와 만나서 형성하는 시냅스. https://commons.wikimedia.org/wiki/File:SynapseSchematic_en.svg#/media/File:SynapseSchematic_en.svg

3. 인간 뇌의 구조

뇌의 전체적인 모양은 럭비공과 같이 기다란 모양을 하고 있다. 좌우를 나누는 중앙선에 깊은 고랑이 파여지고 표면에 주름이 많아서 호두알의 모양과 비교되기도 한다. 뇌의 무게는 개인적으로 차이가 있으나 성인의 경우 남자의 뇌의 평균적인 무게는 1,400 그램이며 여자의 뇌는 1,250 그램 정도이다.

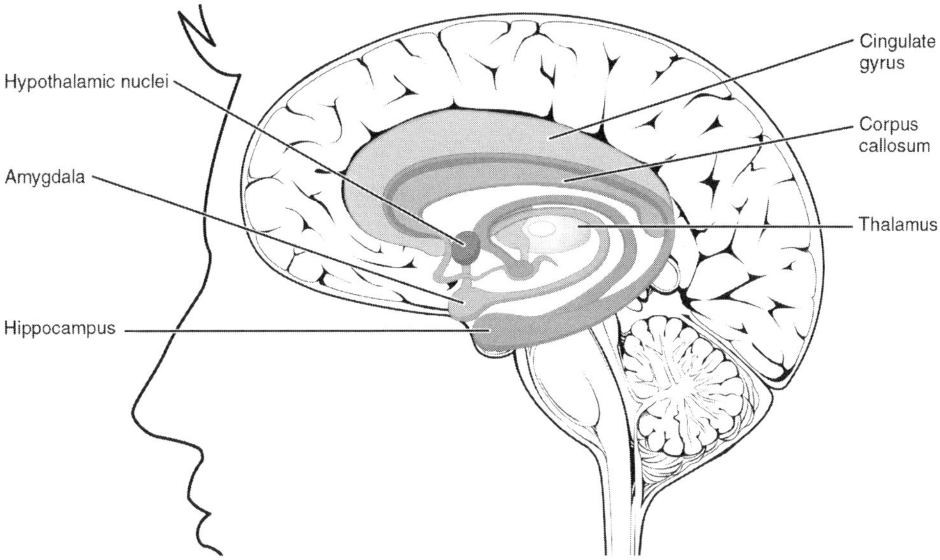

[그림 3] 인간의 뇌의 정중앙 절단면에 나타나는 뇌의 구조; 대뇌피질이 안으로 접힌 띠이랑(cingulate gyrus; 하늘색), 좌뇌와 우뇌를 연결하는 축색 다발로 이루어진 뇌량(corpus callosum), 기억 형성을 담당하는 기저핵(basal ganglia)과 해마체(hippocampus), 감정 형성을 담당하는 편도체(amygdala), 정보의 접수와 발송을 담당하는 시상(thalamus), 몸의 항상성을 담당하는 시상하부(hypothalamus).
https://commons.wikimedia.org/wiki/File:1511_The_Limbic_Lobe.jpg#/media/File:1511_The_Limbic_Lobe.jpg

뇌는 크게 일곱 개의 구조로 나뉜다; 대뇌, 뇌량, 기저핵, 시상, 시상하부, 중뇌, 소뇌, 척수(그림 3). 첫째, 뇌에 입력된 모든 정보를 해석해서 반응을 결정하는 대뇌피질과 대뇌피질이 안으로 접힌 띠이랑이다. 둘째, 좌뇌와 우뇌를 연결하는 축색 다발로 이루어진 뇌량이다. 셋째, 기억과 감정을 형성을 담당하는 해마체와 편도체이다. 넷째, 정보의 접수와 발송을 담당하는 시상이다. 다섯째, 몸의 항상성을 담당하는 시상하부이다. 여섯째, 수면, 식용, 성욕을 관리하는 중뇌이다. 일곱째, 몸의 운동을 관리하는 소뇌이다. 뇌는 진화 과정을 통해서 생명체의 생존과 생식에 필수적인 기능을 담당하는 부위부터 집적화하는 양식으로 발달하였다. 예를 들어서 신체의 감각기관에 입력된 정보를 통합하여 반응하고 관리하는 뉴런의 집합체가 소뇌 및 중뇌에 해당될 것이다. 소뇌는 신체의 움직임과 동작을 학습하고 조절하는 반면 중뇌는 생존과 생식에 필수적인 행동를 조절한다. 시상은 외부에서 입력된 정보를 받아 선택적으로 뇌의 다른 부위로 전송하는 역할을 주로 하고, 시상하부는 생체의 주기와 리듬을 조절하는 호르몬을 생성하고 분비한다. 기저핵은 단기적 기억, 학습, 감정의 형성 등에 관여한다. 대뇌피질과 대뇌는 기능적으로 밀접하게 연관되어 있으며 이들은 입력된 정보를 해석하여 신호가 입력된 감각기관에 모종의 명령을 내림으로써 신호에 대한 반응을 받은 정보를 해석, 명령 및 저장한다.

4. 고도로 발달된 피질

사람의 대뇌피질은 매우 잘 발달되어서 뇌에서 차지하는 표면적 비율이 포유동물 중에서 가장 높다. 대뇌피질이 수행하는 기능에 따라서 그림에서 보는 바와 같이 네 가지 영역 (전두엽, 두정엽, 측두엽, 후두엽)으로 구분된다(그림 4).

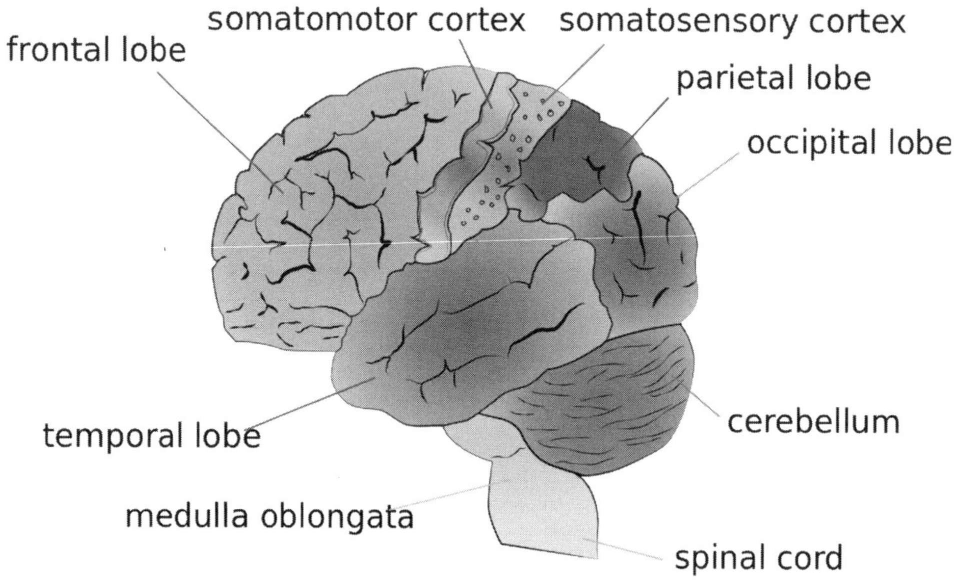

[그림 4] 사람 뇌의 표면 구조; 대뇌 피질은 전두엽(frontal lobe), 측두엽(temproal lobe), 정두엽(parietal lobe), 후두엽(occipital lobe), 체감감 피질(somatosensory cortex), 체운동피질(somatomotor cortex)로 나뉜다. 소뇌(cerebellum), 연수(medulla oblongata), 및 척수(spinal cord)가 있다.
https://commons.wikimedia.org/wiki/File:Gehirn,_medial_-_Lobi_en.svg#/media/File:Gehirn,_medial_-_Lobi_en.svg

전두엽은 얼굴쪽으로 위치하고 있으며 사람의 감정, 운동, 지적 기능을 조절하는 역할을 한다. 정수리 부위에 위치하는 두정엽은 감각과 운동 기능을 담당한다. 측두엽은 언어기능에 특화되어 있는 반면에 후두엽은 시각 기능에 특화되어 있다.

5. 감각피질 및 운동피질

사람의 대뇌피질이 얼마나 잘 발달되어 있는 파악해보자. 그림은 체성감각피질과 체성운동피질이 몸의 모든 감각기관에서 오는 신호를 받아서 명령하는 부위를 신체의 부위별로 나타낸 것이다 (그림 4). 체성감각피질은 전두엽과 경계를 이루는 두정엽 부위에 있으면서 몸의 모든 감각기관에서 오는 정보를 받아서 처리한다. 체성운동피질은 두정엽과 경계를 이루는 전두엽에 있으면서 체성감각피질이 전달하는 정보를 해석하여 운동기관에 명령하는 기능을 한다.

피질이 담당하는 영역은 신체의 기관의 크기와 항상 비례하지 않는다. 아래 그림에서 보면 사람의 얼굴에서 보내는 정보를 접수하는 피질의 영역이 체서감각피질의 사분의 일 이상을 차지한다 (그림 5). 특히 사람의 손가락과 손이 차지하는 영역도 얼굴이 차지하는 영역과 비슷하다. 이는 각각의 신체 기관이 수집하여 뇌로 보내는 정보의 양에 비례하는 것으로 해석된다.

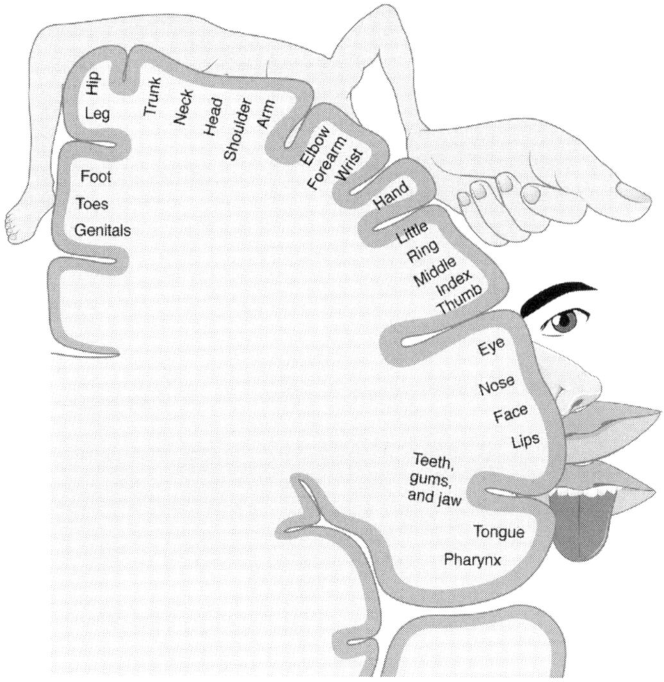

[그림 5] 인간의 대뇌 피질의 운동피질에서 각 기관이 차지하는 영역을 형상화한 그림; 호먼쿨러스(Homunculus)
https://commons.wikimedia.org/wiki/File:1421_Sensory_Homunculus.jpg#/media/File:1421_Sensory_Homunculus.jpg

6. 뇌; 자극과 반응의 주체

뇌는 위에서 살펴본 신경망을 통해서 우리가 주변의 자극에 반응하는 방식을 결정한다. 예를 들어 방금 태어난 아기는 엄마의 냄새를 맡고 엄마의 젖을 빨면서 일어나는 피부의 접촉을 통해서 정서적인 안정과 행복을 경험한다. 이러한 과정은 뇌의 발달에서 전반적인 영향을 끼치는 것으로 보고되었다. 원숭이 신생아가 환경적인 요인으로 모유를 먹지 못하고 엄마와 피부 접촉이 없는 환경은 뇌의 발달에서 장애 요인으로 작용하였다. 우리는 이러한 예시를 통해서 확인한 바와 같이, 뇌는 환경을 인식하고 반응하면서 역동적으로 발달하고 형성된다. 한 사람의 정체성을 결정하는데 뇌가 핵심적인 역할을 하는 것을 고려할 때, 우리가 인식하는 환경과 그에 반응하는 양식이 우리의 정체성을 결정한다고도 할 수 있을 것이다. 따라서 우리가 살아가면서 선택하는 환경이 우리를 정의하는데 매우 중요할 것이다. 일례로 우리나라의 전통적인 태교는 좋은 것을 보고, 느끼고, 먹고, 행하는 것을 최우선적으로 강조한다. 이는 산모가 경험하는 모든 자극들이 태아의 뇌를 포함하는 발달에 중요하기 때문일 것이다. 종합하자면, 우리가 경험하는 자극에 대하여 반응하는 생활의 전반이 우리를 정의한다고 할 수 있을 것이다. 우리는 이 책에서 좋은 것을 가려서 경험하고 반응하는 생활 습관에 대해서도 논의를 계속할 것이다.

7. 뇌의 실체; 무한한 잠재력이다

사람의 뇌는 약 1,000억 개의 뉴런과 850억 개의 교세포로 이루어진다. 하나의 뉴런은 수천 개의 시냅스를 형성하고 있기 때문에 인간의 뇌가 가지고 있는 시냅스의 수는 100조에서 1000조 사이에 이르고 있다 (그림 6). 1,000조 개 이상의 시냅스가 형성할 수 있는 신경망의 경우의 수는 거의 무한대에 가깝다. 이는 뇌의 사용 가능성이 무한하다는 생물학적인 근거이다.

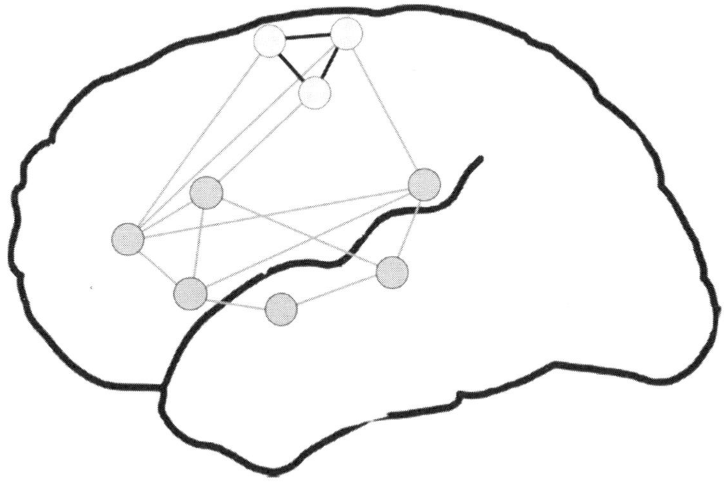

[그림 6] 언어 이해 경로; 회색 점들로 이루어진 신경망이 모든 언어를 이해하는데 관여한다. 다리와 관련되는 단어를 이해할 때 활성화되는 대뇌 피질에 있는일부 운동 피질 (노랑색 점들)이 활성화된다.
https://commons.wikimedia.org/wiki/File:Leg_Neural_Network.jpg#/media/File:Leg_Neural_Network.jpg

성인인 사람의 뇌에서 하루에 사멸되는 세포의 수는 10만 개 내외이다. 평생 진행되는 세포의 사멸을 고려하더라도 100세의 노인의 뇌는 청년의 뇌 세포의 97% 내외를 갖는다. 이는 우리가 뇌를 건강하게 관리하고 개발하는 방법을 따라 생활하면 평생 건강하게 지적 및 정신생활을 할 수 있음을 의미한다. 아래의 그림에서 왼편 사진은 건강한 뇌의 절단면이며 오른편은 중증 치매 환자의 뇌의 절단면이다. 눈으로 비교해보아도 중증 치매 환자의 뇌가 상당 수준으로 위축되어 있는 것을 알 수 있다. 치매는 유전적인 요인도 있으나 70% 이상은 생활 습관에서 기인한다고 보고 있다. 이는 젊을 때부터 건강한 식생활과 운동습관으로 자신을 관리하면 치매를 방지하고 평생 건강한 정신생활을 할 수 있음을 뜻한다.

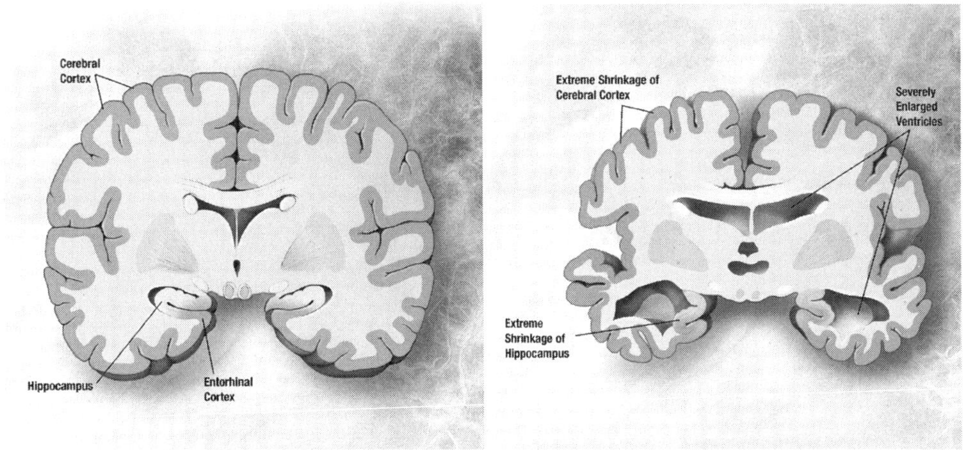

[그림 7] 정상적인 사람의 뇌(왼편 그림) 및 치매 환자의 뇌(오른편 그림); 치매 환자의 뇌는 대뇌와 해마체를 비롯한 전체적인 피질이 위축되어 주름이 좁아지면서 뇌실이 상당하게 커졌다.
https://commons.wikimedia.org/wiki/File:Alzheimer%27s_disease_brain_comparison.jpg#/media/File:Alzheimer's_disease_brain_comparison.jpg

Chapter 02

기억

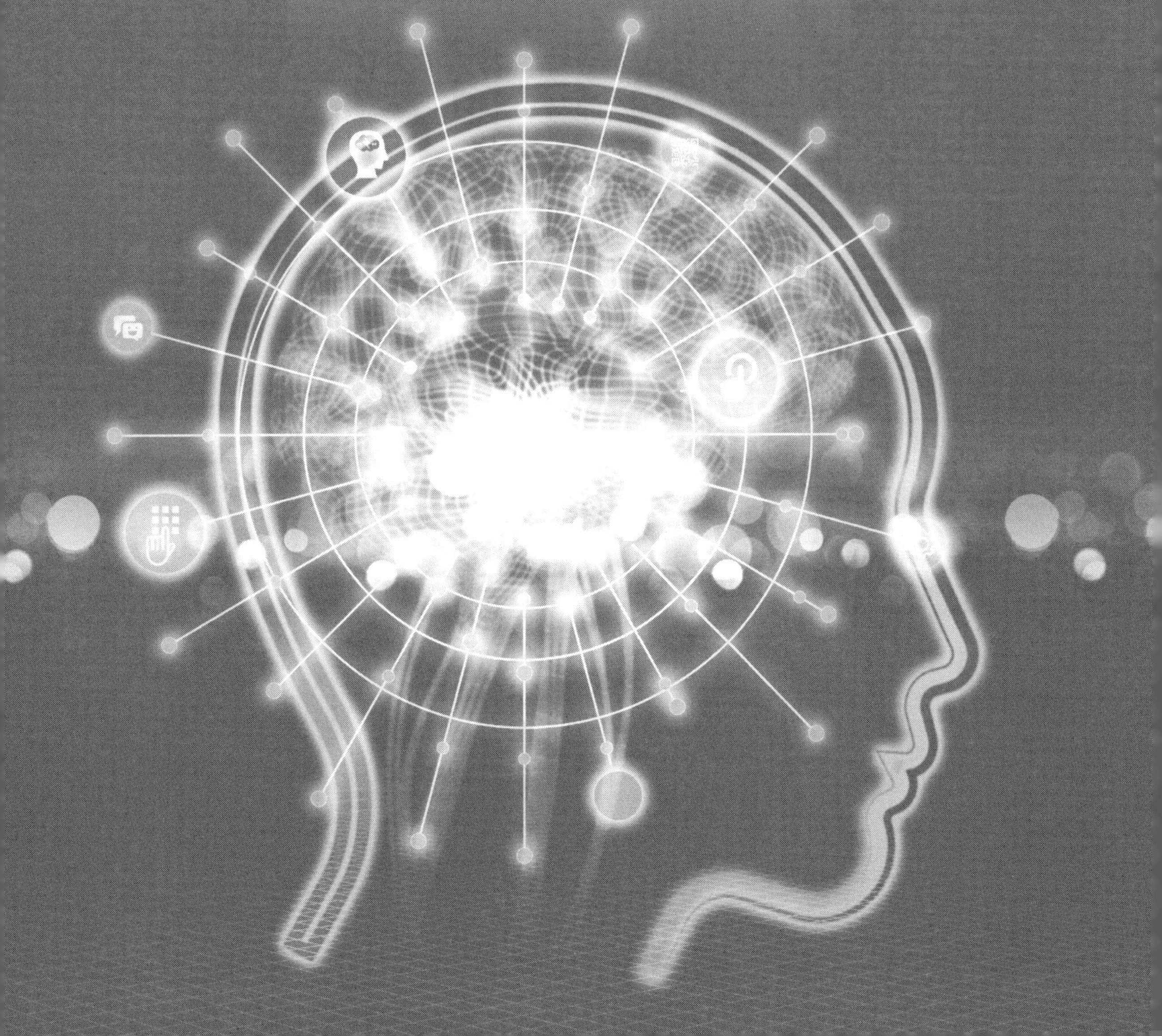

Chapter 02 자기계발 뇌과학

기억

1. 기억의 종류

기억은 구분하는 기준에 따라서 몇 가지로 나뉠 수 있다. 이 중에 가장 보편적으로 알려진 기억의 종류는 단기 기억과 장기 기억이다. 예를 들어보자. 여러분이 모임에 나가서 술을 먹고 취해서 귀가한 다음날 아침을 가정하자. 모임에서 일어났던 일들을 기억하지만 집에 어떻게 온지를 기억하지 못한 경험을 가정해보자. 이러한 현상은 단기기억과 장기기억의 차이에서 오는 것이다. 술에 만취해서 의식이 없는 가운데에서 집을 찾아 올 수 있는 것은 장기기억 때문이다. 오랜 시간동안 집에 오는 모든 과정과 방법이 뇌의 대뇌피질에 저장되어 필요한 시기에 언제나 꺼내 쓸 수 있는 정보의 형태로 저장되어 있는 것이다. 때문에 다음날 어떻게 온지에 관한 기억이 없어도 집으로 무사하게 찾아올 수 있다. 반면에 집으로 찾아오는 시간에 대한 기억이 없는 것은 이 과정에 관련된 정보를 받아서 단기간 저장하는 뇌의 기능이 마비되어서 단기기억이 형성되지 않은 것이다. 또한 이러한 단기 및 장기 기억을 형성하는 기초가되는 기억을 감각기억 및 작용기억으로 구분하다. 우리는 다음에서 네 가지 기억이 형성되는 기전을 이해하고 나아가서 기억을 촉진할 수 있는 방법에 대해서 논의하고자 한다.

1-1 감각기억

우리는 오감을 느낄 수 있는 다섯 가지 장기를 가지고 있다. 눈, 귀, 코, 입, 귀, 그리고 피부를 통해서 보고, 듣고, 냄새를 맡고, 맛을 보고, 감촉을 느낀다. 오감 기관을 통해서 입력된 자극의 정보는 위에서 살펴보았던 뇌의 체성감각피질에 전달되고, 이어서 체성운동피질에 전달되어 모종의 반응으로 나타난다.

1-2 작용기억

위에서 정의한 감각기억을 형성하는 정보를 처리하여 저장하여 생성되는 기억을 가리킨다. 작용기억의 특징은 앞서 입력된 정보를 새로 입력되는 정보가 밀어내는 방식으로 진행된다. 기억이 유지되는 시간은 30초 내외로 정의된다. 예를 들어서 8자리로 만들어진 전화번호를 외울 때 마지막으로 들은 숫자를 가장 처음에 들은 숫자보다 더 쉽게 기억하는 현상이다. 이러한 현상에는 처리능력의 한계도 존재한다. 일곱 자리 전화번호를 외우는 것이 여덟 자리 전화번호를 외우는 것이 더욱 어렵기 때문이다. 우리 뇌의 이러한 기억 현상을 '7자리 법칙'이라고 부른다. 우리의 뇌가 가지고 있는 작용기억의 한계는 7자리로 최적화되어 있다고 하겠다.

1-3 단기기억

단기기억은 감각 및 작업 기억을 통해서 형성되어 비교적 짧은 기간 지속되는 기억이다. 들어가기에서 소개한 만취해서 집으로 돌아간 시간을 기억하지 못하는 것은 단기기억이 형성되지 않았기 때문이다. 단기 기억은 우리 뇌의 '해마 (Hippocampus)'에서 형성된다. 해마는 매우 섬세하게 작동하기 때문에 기저핵의 가장 안쪽에 배치되어 있어서 우리의 뇌가 가장 소중하게 보호하는 부위이기도 하다 (그림 1). 해마는 알코올에 매우 취약해서 만취 상태에 이르면 작동하지 않을 정도로 섬세하다. 이러한 해마의 생물학적 성질 때문에 우리가 만취하면 단기기억을 형성할 수 없다.

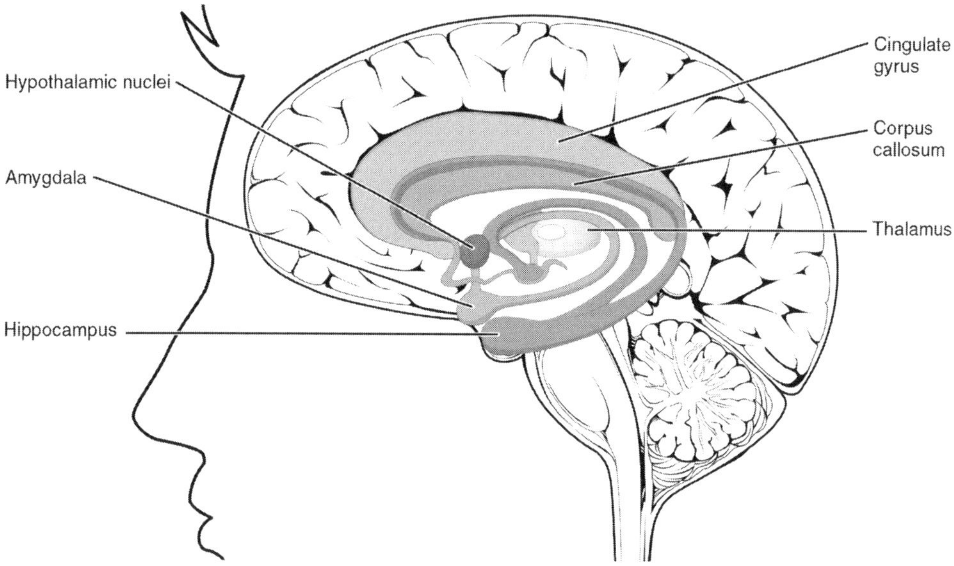

[그림 1] 인간의 뇌에서 기억의 형성에 관여하는 영역; 입력된 정보를 장기 기억으로 저장하는 대뇌 피질, 기억 형성을 담당하는 기저핵(basal ganglia)과 해마체(hippocampus), 감정 형성 및 기억을 담당하는 편도체(amygdala), https://commons.wikimedia.org/wiki/File:1511_The_Limbic_Lobe.jpg#/media/File:1511_The_Limbic_Lobe.jpg

단기기억에 관련된 뇌 과학적인 정보는 영국의 전도유망했던 피아니스트 로링 (Rolling)의 경우에서 잘 알려졌다. 로링은 젊은 시절에 바이러스에 감염되어 해마의 기능을 상실하게 되었다. 로링은 해마를 상실하기 전에 연습을 통해서 기억했던 곡들을 이전처럼 연주할 수 있었다. 그러나 해마를 상실한 후에 새롭게 접하는 곡들을 악보를 보고 무난하게 연주할 수 있었지만 반복적으로 연습해도 외워서 연주할 수 없었다. 즉 새로운 곡의 악보를 이전처럼 읽고 연주할 수 있으나 뇌의 기억 장치에 저장할 수는 없었다. 로링의 경우는 기억에 관련되는 뇌에 관하여 두 가지 정보를 제공하였다. 하나는 단기 기억이 형성되는 뇌의 기관이 해마이고, 다른 하나는 단기 기억이 생성되지 않으면 장기 기억도 생성되지 않는다는 점이다. 우리의 모든 기억은 단기기억의 생성을 통해서만 뇌에 기록되고 저장되는 것이다. 단기기억을 담당하는 해마의 중요성이 더욱 부각되는 대목이다. 해마를 잘 관리하는 방법은 우리 모두의 생활의 질을 결정하는데 매우 중요하다. 창의력은 축적된 지식을 융합하여 이전에 없던 개념과 양식을 창출하는 능력이다. 새로운 지식에 대한 개념을 파악하고 정립하고 축적하는데 핵심적인 역할을 하는 해마는 창의력의 함양에도 결정적인 이유이다.

1-4 장기기억

지식과 경험과 관련되는 장기기억은 전전두엽 피질에 저장되고, 운동과 관련되는 장기기억은 소뇌와 기저핵에 저장되는 것으로 알려져 있다. 기억의 형성은 시냅스전 뉴런이 전기적인 자극으로 시냅스후 뉴런을 흥분시켜 시냅스 후 뉴런에 '흥분성 전위'를 유발하는데, 이를 '장기강화 (Long Term Potentiation)'라고 노르웨이 과학자 테르예 로모 (Terje Lomo)가 1966년에 정의하였다. 장기강화는 '외부의 자극으로 인하여 생성되는 시냅스가 지속적으로 강화되는 현상'을 뜻한다. 장기강화가 형성되면 두 뉴런 사이를 연결하는 시냅스에서 지속적으로 증가하는 신호를 전달한다. 따라서 신경생물학자들은 장기강화가 학습과 기억의 기반이 되는 중요한 세포생물학적 기전의 하나로 인정하고 있다. 장기기억은 우리가 필요할 때 언제나 꺼내서 사용할 수 있도록 저장된 상태의 기억을 말한다.

장기기억은 단기 기억과 다르게 새로운 단백질의 합성을 필요로 한다. 새롭게 합성되는 단백질들은 뉴런의 막에 분포하여 신경전도물질과 결합하는 수용체의 역할을 한다. 이와 같은 새로운 단백질의 합성이 해마에서 우선적으로 이루어진다. 이를 대표하는 수용체는 글루타메이트 수용체이다. 글루타메이트는 신경전도물질 (neurotransmitter)의 일종으로 외부에서 오는 자극의 신호를 접수한 뉴런의 축색돌기가 분비하는 신경전도물질이다. 분비된 글루타메이트는 해마에 있는 뉴런의 수상돌기의 막에 분포하는 글루타메이트 수용체와 결합하여 양이온을 통과시키는 이온 채널을 활성화한다. 양이온이 세포의 안으로 순식간에 초당 수천만 개가 이동하면 이 부위의 막 전위의 탈분극이 발생하여 '활성전위 (action potential)'이 형성된다(그림 2).

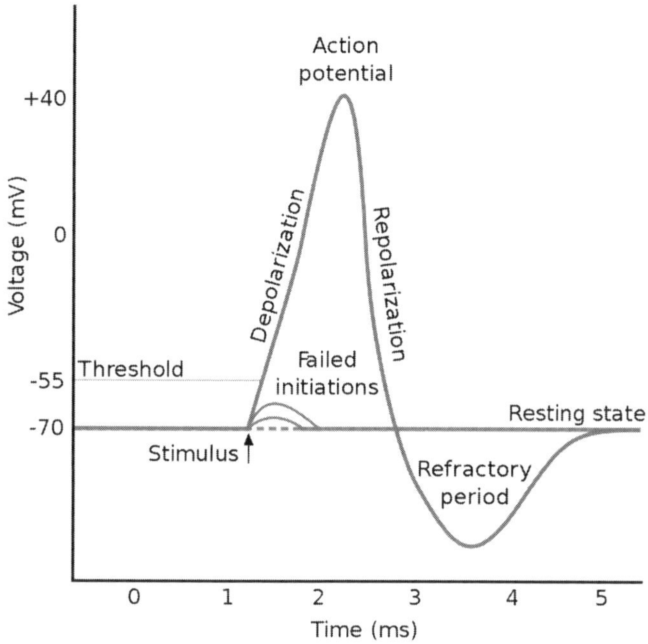

[그림 2] 활성 전위가 형성되는 과정; (1)뉴런에 자극 신호가 입력되어 막 전위가 음성에서 양성으로 뒤집히는 탈분극(depolarization) 단계, (2)막 전위가 +40 mV에 도달하는 시점에서 양성에서 음성으로 복귀하는 재분극(repolarization) 단계, (3) 휴지 상태(resting state)의 막전위 m70 mV로 회복하는 단계.
https://commons.wikimedia.org/wiki/File:Action_potential.svg#/media/File:Action_potential.svghttps://commons.wikimedia.org/wiki/File:Action_potential.svg#/media/File:Action_potential.svg

활성전위는 뉴런의 축색을 타고 축색말단으로 전달되어 축색말단이 특정한 신경전도물질을 분비하도록 한다(그림 3). 외부의 자극이 반복적으로 이루어지거나 일회적인 자극이지만 강력한 자극이 주어지면 뉴런의 수상돌기의 막에 수용체의 수가 증가됨으로써 새로운 시냅스가 형성되어 장기기억의 시점이 해마에서 만들어진다.

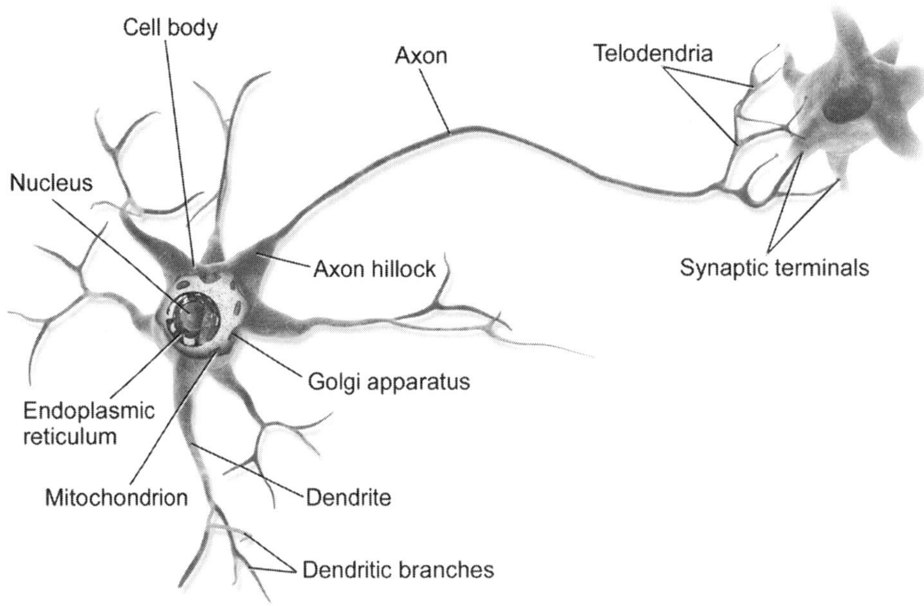

[그림 3] 활성 전위의 이동; 수상 돌기(dendrite)에서 형성된 활성 전위는 축색(axon)을 따라 시냅스 방향으로 이동한다. 시냅스 지점에 도착한 활성 전위는 축색 말단에서 특정한 신경전달물질의 분비를 유발한다.
https://commons.wikimedia.org/wiki/File:Blausen_0657_MultipolarNeuron.png#/media/File:Blausen_0657_MultipolarNeuron.png

예를 들어 새로운 자극을 반복적으로 또는 강력하게 받은 해마 세포는 자극 신호에 반응하여 마그네슘을 방출한다. 방출된 마그네슘은 NMDA 수용체를 활성화하여 세포에서 칼슘을 방출시킴으로써 특정한 유전자의 전사와 단백질의 생성을 유도하여 새로운 시냅스를 형성한다(그림 4). 새롭게 형성된 시냅스는 장기 기억을 형성하는 새로운 신경망을 형성한다.

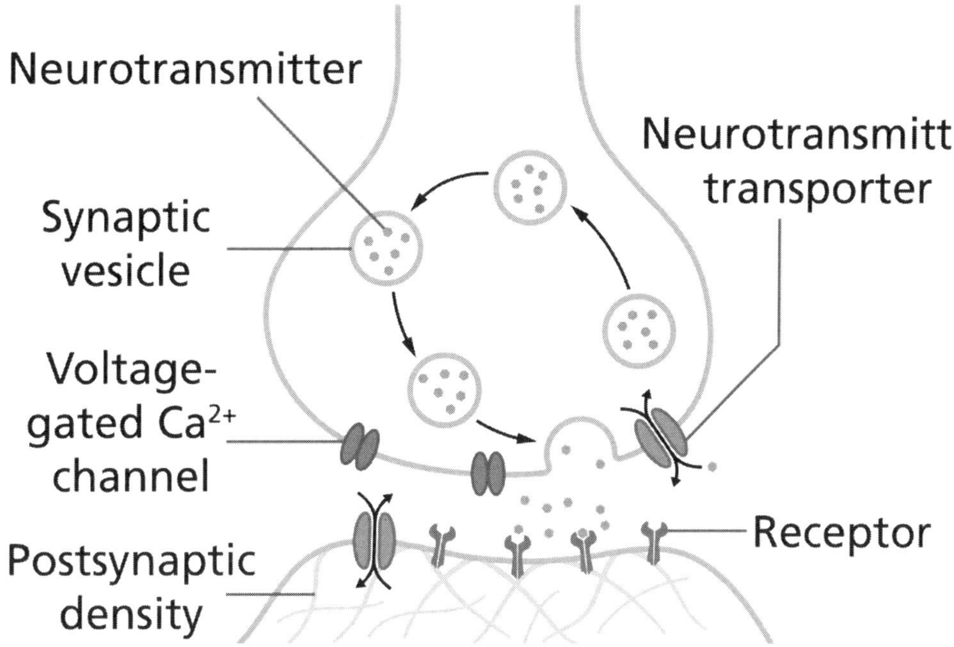

[그림 4] 축색 말단(axon terminal)에 도달한 활성 전위는 특정한 신경전달물질을 담고 있는 소낭을 세포막으로 수송하여 신경전달물질의 분비를 유발한다.
https://commons.wikimedia.org/wiki/File:SynapseSchematic_en.svg#/media/File:SynapseSchematic_en.svg

2. 장기기억 신경망

우리가 지난 해 여름에 친구들과 함께 강원도 속초 서핑마을에서 함께 지낸 즐거운 경험들은 해마에 단기 기억으로 저장된다. 이러한 단기기억들에 대한 정보들은 일정 기간에 걸쳐서 종합되어 뇌의 다른 부위로 옮겨져서 장기간 저장된다고 알려져 왔다. 그러나 최근에 수수무 토네가와 (Susumu Tonegawa) 교수 연구팀은 장기기억에 사용되는 정보는 해마에서 형성되는 단기기억과 동시에 피질에 저장된다는 사실을 최초로 발견하였다 (그림 1). 이렇게 피질에 저장된 장기기억은 약 2 주간의 비활동 기간을 통해서 저장 과정을 완성하는 것으로 밝혀졌다. 이렇게 단기기억과 장기기억을 동시에 저장하는 뇌의 시스템을 상보적 기억 시스템 (complementary memory system)이라고 정의하였다. 텍사스 A&M 대학교의 스티븐 마렌 (Stephen

Maren) 교수는 이러한 발견에 대해서 "장기 기억을 되불러오는 과정에서 전전두엽 피질이 기여하는 회로에 관한 분석으로는 가장 상세한 수준이다"라고 논평하였다. 이는 단기기억이 해마에 형성된 후에 일정 기간이 지나서 장기 기억에 관련하는 정보가 피질에서 형성된다는 전통적인 가설을 뒤집는 보고이기 때문이다. 요약하면, 단기기억은 해마에서 형성되는 동시에 장기기억은 피질에서 형성된다. 다만 장기기억에 저장된 정보를 다시 꺼내서 기억을 위한 정보로 사용하기까지 2주간의 성숙 기간이 필요하다. 이러한 단기 및 장기 기억을 형성하는 과정을 고려하면, 단기기억의 형성과 마찬가지로 장기기억도 반복되는 자극이나 강력한 자극에 의해서 더욱 효과적으로 형성될 것이다.

3. 신경 가소성 (Neuro-plasticity)

20세기 뇌 과학자들은 유년기 같이 두뇌의 발달에 중요한 기간이 지나면 뇌의 발달 상태는 변화하지 않는다고 생각했다. 즉, 우리가 어려서 형성된 신경망은 성인이 되어서도 그대로 고정되며, 나이가 듦에 따라 뉴런과 신경망은 상실되는 과정을 반복할 뿐이라고 생각하였다. 이러한 관념은 "세살 버릇이 여든까지 간다."는 우리나라의 속담에도 잘 반영되어 있다. 뇌에 관한 이러한 속설은 최근에 제기된 '신경가소성 (Neuro-plasticity)'으로 의해서 전면적인 도전을 받고 있다. 신경가소성(Neuroplasticity)이란 인간의 두뇌가 외부의 자극을 인식하고 반응함으로써 새로운 시냅스와 신경망을 생성할 수 있는 능력을 말한다. 이는 우리들의 뇌가 일상생활의 모든 경험을 뉴런의 신경가소성으로 인하여 형성되는 새로운 시냅스와 신경망에 기록해 나간다고 할 수 있다. 신경가소성은 뉴런끼리 연결되는 시냅스의 길이, 시냅스의 추가 또는 제거, 그리고 새로운 뉴런의 형성을 통해 이루어진다(그림 4). 그러나 의미 있는 학습은 연결 길이의 변화에 의해서 이뤄지고, 해마와 치상돌기 회와 같이 기억의 형성에 관련된 영역과 성인기까지 새로운 뉴런들이 계속해서 생성되는 곳은 큰 가소성을 지닌다는 것이 대다수의 의견이었다. 그러나 점차 예외가 발견되었다. 여러 연구들은 환경적인 변화가 현존하는 뉴런 사이의 연결을 수정하고, 해마와 소뇌를 포함한 다른 뇌 부분의 신경조직발생을 통해서 행동과 인지를 바꿀 수 있다는 것을 밝혀내었다.

4. 신경 줄기세포

해마에서 발생하는 신경분화는 학습과 기억에서 핵심적인 역할을 하는 해마의 특정 부위에 새로운 뉴런이 형성되는 것을 의미한다. 해마의 치랑골 (dentte gyrus)을 형성하는 뉴런의 일부는 뉴런전구세포로서 환경적인 요인에 반응하여 새로운 자극을 저장하여 단기 기억을 생성하는 뉴런으로 분화된다. Tara L. Walker 연구진은 해마의 신경분화를 강력하게 촉진하는 조절인자를 최근에 보고하였다. 이들은 생쥐에게 4일간 맹렬한 운동을 시키면 혈중으로 분비되는 일종의 면역기능과 관련하는 단백질(XCL1)이 증가되는 것을 발견하였다. (Scientific Report 9권, 2019) 치랑골에서 분리한 뉴런전구체세포에 XCL1을 처리하였을 때 뉴런으로 분화하는 비율이 유의성 높게 증가하였다. 반면에 XCL1 유전자가 제거된 생쥐를 4일간 동일한 양의 운동을 시킨 후에 분리한 혈청을 치랑골에서 분리한 뉴런전구체세포에 처리하였을 때 뉴런으로 분화하는 비율은 현저하게 감소하였다. 이는 정규적인 운동 습관을 비롯한 건강한 생활양식은 단기기억을 형성하는 해마의 뉴런을 새롭게 만드는 효율을 증가시킨다는 것을 입증하였다.

5. 기억법

모든 기억은 단기 기억의 형성에 있다. 따라서 단기 기억을 증진시키는 방법은 기억을 기반으로 하는 학습의 효과를 증진시키는 것과 직간접적으로 연관된다.

5-1 반복

단기 기억을 형성하는 과학적인 기전은 반복적인 신호 또는 강력한 한번의 신호를 입력하여 해마를 자극하는 것이다. 따라서 우리들의 일상생활에서 가장 일반적으로 적용할 수 있는 방법은 배우거나 기억하고자 하는 자극을 반복적으로 입력하는 것이다. 이 때문에 반복은 오랫동안 인류 역사를 통해서 효과적인 학습 방법으로 여겨지고 있다.

5-2 묶기

반복적으로 입력된 새로운 자극이 형성하는 기억을 이미 형성되어 있는 다른 기억들과 연결하여 묶기 또는 논리화하는 단계이다. 이는 연상법과도 관련이 있는 방법으로, 기억하고자 하는 내용을 하나씩 다루는 것이 아니라, 기존의 기억이나 개념과 묶어서 기억하는 방법이다. 우리가 태어난 해의 띠를 나타내는 동물은 쥐, 소, 호랑, 토끼, 용, 뱀, 말, 양, 원숭이, 닭, 개, 돼지의 순으로 되어 있다. 12 가지의 동물의 이름을 순서대로 외우는 일은 쉽지 않지만 자신이 만들 수 있는 이야기로 외우면 쉬워진다. 예를 들어, "쥐는 소의 등에 올라타고 가다 호랑이를 만났으나 마침 나타난 토끼 때문에 살아났다"라는 이야기로 쥐, 소, 호랑이, 토끼를 묶어서 순서대로 놓아 외우는 방법이다.

5-3 이름 짓기

새롭게 기억하고자 하는 대상이나 현상에 대하여 고유한 이름을 붙이는 방법이다. 이러한 방법은 인류의 역사와 함께 시작되었다. 예를 들어 우리는 태가 태어나기도 전에 태명을 지어서 아이를 하나의 존재로 기억한다. 나아가서 이러한 명명법은 인류와 함께 발달해온 모든 학문에 적용되어 왔다. 우리가 일상적으로 사용하는 단어를 비롯하여 자연과학에서부터 인문사회과학에 이르기 까지 특정한 개념과 정의를 하나의 단어로 명명하는 것이다. 이러한 의미에서 새로운 학문을 배우는 일은 또 하나의 외국어를 배우는 일에 견주어도 무방할 것이다.

5-4 공간 잇기; 3차원적 상상하기

공간 기억은 환경과 공간에 대한 정보에 관한 기억을 말한다. 예를 들어, 당신이 살고 있는 도시에서 새로운 장소를 찾으러 가기 위해서 당신은 그 도시에 관한 공간 기억이 필요하다. 우리가 살고 있는 도시의 거리를 돌아다니다 보면 과거의 기억들이 자주 떠오르는 경험을 한다. 이는 공간 기억이 사람의 뇌에서 가장 강력하게 형성되는 기억의 일종이기 때문이다. 인류가 32억년 동안 여러 가지 어려운 환경에서 생존하기 위해서는 공간에 관한 기억이 매우 중요했을 것이다. 즐겨 먹는 음식이 어디에 있으며 나를 죽일 수 있는 천적들이 살고 있는 숨은 장소는 어디에 있는지를 파악하는 일은 매우 중요한 것이다. 새롭게 기억하고 싶은 단어나 일들을 이러한 공간 기억과 연계하는 것도 기억을 증진하는 좋은 방법이 된다. 이러한 방법은 소설을 읽으면서 어떠한 상황을 읽거나 짐작할 때도 사용하면 소설에 대한 이해를 훨씬 빠르게 할 수 있다. 3차원적인 공간을 미루어 짐작하고 상상하는 행위가 기억과 관련된 역할을 하는 뇌의 부위를 활성화하는 것으로 여겨진다.

5-5 대체

어떠한 단어와 유사한 단어를 기억하는 방법이다. 예를 들어 두 개의 단어가 비슷한 뜻을 나타내지만 미묘한 뜻의 차이를 나타낸다고 하자. 유사한 의미의 단어를 많이 기억할수록 그 의미를 쉽게 기억하고 더욱 세밀하게 표현할 수 있다. 우리가 외국어를 공부하면서 유사단어 혹은 반대단어를 공부하는 이유도 기억과 외국어 구사력을 증진시킬 수 있기 때문이다.

Chapter 03

학습

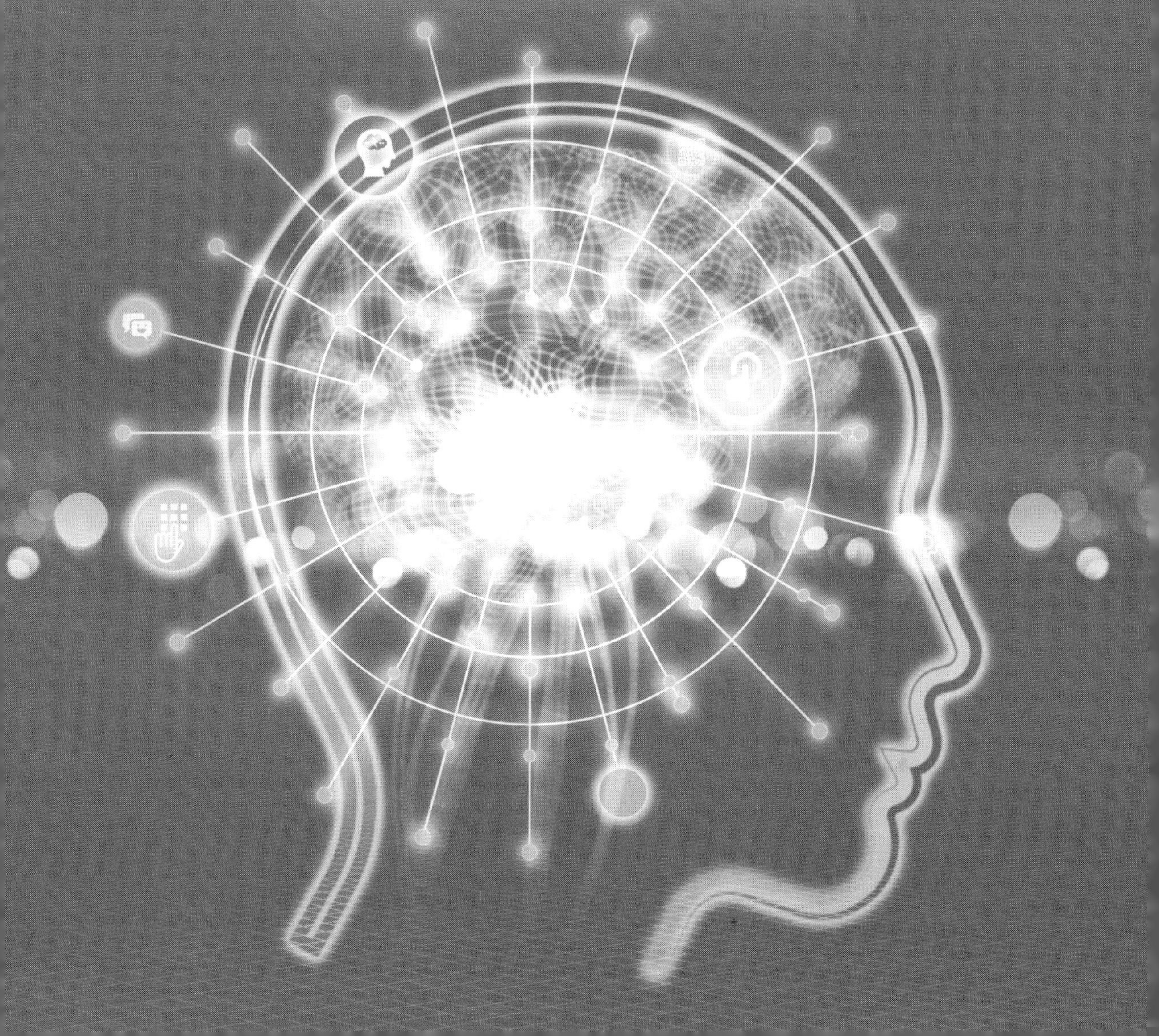

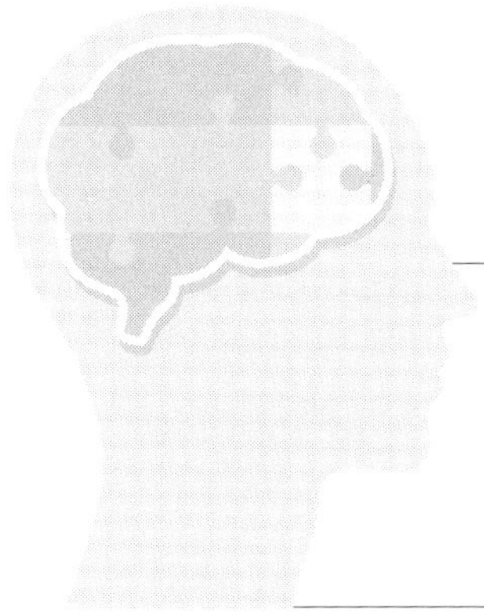

Chapter 03 자기계발 뇌과학

학습

21세기는 4차 산업혁명이 찬란한 꽃을 피우고 인류의 역사를 획기적으로 변화시키는 시기가 될 것이다. 4차 산업혁명은 인류의 역사와 함께 시작된 학습에서 비롯된 지식의 축적의 결과라고해도 과언이 아닐 것이다. 따라서 우리는 인류의 역사에서 지금까지 지속적으로 진화해온 인류의 역사에서 학습에 대해서 다시 깊이 살펴보고 정리할 필요가 있다.

1. 학습의 정의

학습에 대한 정의는 여러 가지 측면에서 개발되어 왔으나, 우리는 교육의 관점에서 개발된 학습의 정의를 알아보고자 한다. '학습'은 한 개인이 자신이 처한 환경과 상호 작용을 통해서 지식, 습관, 기술, 능력 및 태도를 습득하는 것이다. 이렇게 학습을 통해서 습득한 내용으로 인해서 우리는 사물과 환경을 이해하는 새로운 능력을 갖는다. 따라서 이해력은 새로운 학습 내용을 더 커다란 의미로 조직하고 확장하여 다른 것과 연합할 수 있는 능력이다. 이와 같이 경험과 기억을 통한 학습의 형태는 크게 3 가지로 구분한다(그림 1).

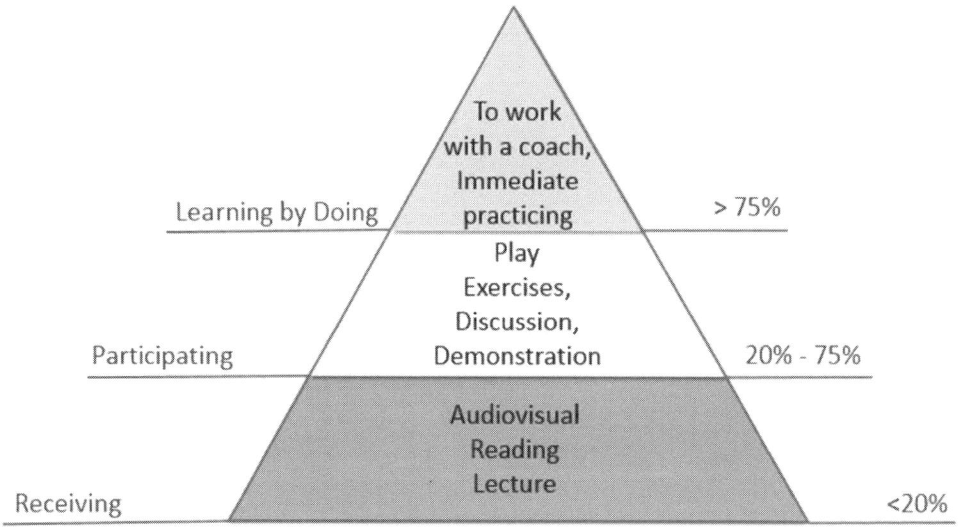

[그림 1] 기억 학습의 종류와 학습 효율성; 행위 학습 (learning by doing), 참여 학습(learning by participating), 지식 학습(learning by receiving)
https://commons.wikimedia.org/wiki/File:Learning_Retention_Pyramid.JPG#/media/File:Learning_Retention_Pyramid.JPG

행위를 통한 학습이 차지하는 비율이 75% 수준으로 가장 많은 경우다. 두 번째로 가장 많은 학습의 형태는 참여 학습으로 20 ~ 75%를 차지한다. 가장 낮은 비율은 지적 학습으로 20% 미만으로 추산된다. 이러한 통계학적인 수치는 교육 과정을 통해서 이루어지는 학습도 경험, 실험, 및 사회 활동을 기반으로 이루어져야 한다는 것을 시사한다.

2. 학습의 특징

학습의 특징은 다음과 같은 다섯 가지 대비적인 특징이 있다. 첫째, 맥락의 여부이다. 새로운 것을 배우는 을 기존의 개념과 연관시키지 않는 단말적 학습과 연관시키는 맥락적 학습이다. 둘째, 경험의 여부이다. 기존의 경험과 연관시키는 경험적 학습과 그렇지 않은 일회적 학습이다. 셋째, 연속성의 여부이다. 배우는 과정이 일련의 연속성을 갖는 것과 단순히 일회적 학습이다. 넷째, 개인 혹은 집단의 여부이다. 개인 단위에서 배우는 학습과 단체 생활을 통해서 배우는 집단적 학습이다. 다섯째는 학습의 결과가 장기적 혹은 단기적으로 지속되는 것이다. 이와 같은 다섯 가지 학습의 특징은 각각은 섞여서 일어난다. 따라서 학습의 종류를 학습의 다섯 가지 특징을 바탕으로 구분한다면 적어도 25가지 학습의 종류가 있을 것이다. 예를 들어서, 단말적인 경험이 연속적으로 일어난 개인적인 학습이 장기적으로 지속되는 학습이 있을 수 있다. 반대의 예를 들자면, 맥락적인 일회적 경험이 불연속적으로 일어난 집단적 학습이 단기적 효과를

3. 학습의 종류

학습은 학습의 원리나 방법이 반영된 특징에 따라서 구분된다. 우리는 학습의 다양한 특징이 반영된 학습의 종류를 다음에서 알아보고자 한다.

3-1 비-연관 학습 (Non-associative Learning)

학습자가 어떤 일회적 자극을 여러 번 경험하게 되어 장기적으로 반응하는 현상이다. 비연계 학습의 예로 흔하게 드는 예는 습관화 (habituation)와 민감화 (sensitization)이다. 습관화에 대한 가장 좋은 예는 달팽이이다. 달팽이가 나무 탁자 위에서 움직일 때, 여러분이 손으로 탁자를 가볍게 두드리면 달팽이는 동작을 멈추고 계속해서 두드리면 더듬이를 거두어들인다. 동일한 간격으로 탁자를 계속해서 두드리면 즉시 습관적으로 더듬이를 거두어들인다. 궁극적으로는 반복적으로 탁자를 두드리는 자극이 달팽이의 행동에 아무런 효과를 끼치지 못하게 되어 습관이 형성된다. 따라서 습관은 반복되는 자극에 반응하는 둔해지는 행동이라고 할 수 있다. (Britanica).

3-2 연관학습 (Associative learning)

연관 학습은 새로운 반응이 특정 자극과 연관되는 학습 과정이다. 이 용어는 넓은 의미에

서 단순한 습관화를 제외한 거의 모든 학습을 설명한다. 조금 좁혀서 설명하자면, 학습에 관한 연구에서 오랫동안 사용된 방법으로써 특정한 자극의 조건을 반복함으로써 이루어지는 학습의 형태이다. 이 실험 방법은 너무 인위적이며 작위적인 것이라는 비난을 받아 왔으나, 학습에 관여하는 뇌의 활동 경로와 해부학적인 지식에 크게 기여하였다. 이러한 조건부 학습은 일정한 환경에서 반복되는 자극에 반응한 행동을 일종의 상벌로 연결하여 이루어진다.

예를 들어서 키우는 강아지에게 맛있는 먹이를 주기 전에 종을 세 번 울리는 것을 되풀이하여 조건에 강아지는 반응하여 종소리를 세 번 듣기만 해도 먹이를 기대하면서 침을 흘린다(그림 2).

[그림 2] 연계학습의 예시

3-3 놀이 학습

놀이를 통한 학습은 어린이가 놀이를 통해서 세계의 환경과 이치를 파악하는 과정을 말한다. 어린이는 놀이를 통해서 사회생활의 기술과 인지 능력을 개발하고, 정서적인 성숙과 자존감을 갖는다. 특히 언어 습득과 구사력, 문제 해결, 수리적 개념뿐만 아니라 사회적, 신체적, 정서적 측면에서 어린이들의 놀이와 학습 사이에는 강력한 연관성이 있다는 것은 알려진지 오래다. 어린이들은 학습 기반 놀이를 통해 자신의 환경과 주변 세계를 적극적으로 탐색합니다. 놀이를 통한 학습효과를 극대화할 수 있는 조건에 대한 연구의 결과를 종합하면 다음과 같다.

첫째, 실내 활동과 실외 활동의 균형을 맞춘다. 둘째, 놀이의 기구와 환경은 일상생활의 요소를 다양하게 준비하여 흥미를 갖는 대상을 자발적으로 선택할 수 있도록 한다. 이는 놀이를 통해서 학습의 동기를 부여하고 자기 주도적인 문제의 발굴과 해결 능력을 키운다. 셋째, 새로운 놀이의 환경과 요소를 표현할 수 있도록 어휘를 함께 제공하여 묘사 및 구사력을 키운다.

넷째, 놀이의 수준과 숙련도를 관찰하여 놀이의 난이도를 단계적으로 높여 지속적인 흥미를 유발하도록 한다. 다섯째, 놀이의 요소와 환경에 대한 질문을 통해서 관찰과 상상력과 추론 능력을 자극한다. 여섯째, 놀이를 통해서 사회성과 사회의 구성원 간의 역학 관계를 파악하고 사회생활에서 야기되는 문제를 논리적으로 분석하고 문제를 해결할 수 있는 능력을 함양한다.

3-4 문화학습 (Enculturation)

문화학습은 개인이 처한 환경에서 발생한 고유한 문화의 요건들을 배움으로써 자신이 그 문화에 적합하고 필요한 가치와 행동을 갖추는 과정을 말한다. 환경에 포함되는 구체적 예에는 가정, 학교, 사회, 국가, 종교단체 등이 포함된다. 이러한 문화화의 과정에 영향을 끼치는 이들은 부모, 형제, 자매, 친구 등이 포함된다. 이러한 과정이 순조롭게 진행되면 학습자는 언어, 가치관, 문화 의식 측면에서 자신감을 갖는다. 이러한 문화화는 개인의 사회화와 직접적으로 연관된다.

3-5 암기학습

암기학습은 말 그대로 암기를 통해서 새로운 것을 배우는 과정이다. 암기학습의 가장 좋은 예는 우리가 외국어를 배우는 과정이다. 대학에서 한 학기에 여러 과목을 수강하는 학생들이 좋은 평가를 받기 위해서 집중적으로 선택하는 학습 방법이 암기이다. 따라서 대학에서 우수한 성과를 이루기 위해서는 효과적인 암기 방법을 습득하여 적용하는 것이 중요할 것이다. 암기에 관한 과학적인 연구는 뇌과학 분야에서 오랫동안 활발하게 진행되어 온 분야이다. 우리는 암기에 관련하는 뇌의 부위와 암기가 이루어지는 분자신경생물학적인 기전에 관하여 별도의 장에서 논의할 것이다.

3-6 의미학습 (meaningful learning)

의미학습은 완전한 이해를 통해서 학습한 정보를 기존의 지식과 연결함으로써 이해의 폭을 넓히는 학습을 뜻한다. 개인이 가지고 있는 지식과 경험에서 확장되기 때문에 개인의 관심과 흥미를 자기 주도적으로 활용하는 효과적인 학습으로 평가되고 있다. 의미 학습을 형성하는 요소에는 관찰력, 표현력, 소통력, 협업 능력, 직관력, 동기부여의식 등이 있다.

3-7 반복 학습

의미학습과 반대되는 방법의 학습이 있다. 이해나 논리적인 확대 등과 상관없이 단순한 암기를 통하여 학습하는 정보학습(rote learning)이다. 플래시 카드를 사용하여 암기하는 것이 정보학습의 예이다. 이 방법은 기초 지식의 숙달에 널리 사용됩니다. 반복학습은 발음중심 언어학습, 화학의 주기율표, 수학의 곱셈표, 의학의 해부학, 법학의 법령, 여러 가지 과학의 기본 공식 등의 학습에 적용된다. 임박한 시험을 위해 공식을 빨리 외우고 사용하는데 반복학습보다 빠른 것은 없다. 그러나 복잡한 주제를 고급 수준으로 이해하고 습득하는 데 효과적이지 않은 방법이다. 따라서 미국 과학 및 수학교육 관련협회는 단순한 기억에 의존하는 학습 방법보다 이해를 통한 교육의 방법을 권장한다. 반면에 우리나라를 포함하는 아시아 국가들의 교육 방법은 전통적으로 반복학습을 강조하여왔다.

3-8 대중매체 학습

대중매체(mass media)는 대량의 소통 방법을 통해 많은 청중에게 다가갈 수 있는 모든 미디어 기술을 통칭한다. 여기에는 텔레비전, 라디오, 광고, 영화, 인터넷, 신문, 잡지 등이 포함된다. 최근의 가장 활발하게 사용되는 대중매체는 전자적으로 정보를 전송하는 텔레비전,

라디오, 영화, CD, DVD, 등과 장치를 포함하는 전자매체 또는 방송매체이다. 인쇄된 매체나 라디오와 텔레비전을 통해 전달 될 때 동일한 정보도 더 증폭된 신뢰도와 의미를 가진 정보로 우리에게 전달된다는 점에서 대중매체의 사회적인 의미는 상당히 중요한 의미를 갖는다. 대중 매체는 메시지를 통해서 대중에게 정보를 전달할 뿐만 아니라, 시각과 청각을 자극하는 마사지의 역할을 한다는 점에서 매우 주목할 만한 기능을 한다. 대중매체가 정보를 전달하는 방법은 감각 기관을 마사지하고 적극적으로 반응하도록 자극하기 때문에 학습의 효과를 증폭하는데서 점점 더 중요해지고 있다. 따라서 교육 기관은 이와 같이 다양한 대중매체를 학습 과정에 도입하여 학습 과정을 개선할 수도 있다.

3-9 전자학습(eLearning)

전자학습의 기본적인 수단은 컴퓨터이다. 컴퓨터는 개인의 필요에 따른 다양한 학습의 내용과 방법을 제공한다. 따라서 전자학습은 컴퓨터를 보조수단으로 사용하는 수업, 멀티미디어 활용교육, 웹기반 교육 등으로 불렸던 여러 형태의 정보통신을 활용한 교육을 총칭한다. 전자학습은 다수에게 방대한 양의 정보와 지식을 전달할 뿐만 아니라 양방향으로 진행된다. 이는 한쪽 방향으로만 진행되는 대중매체 학습과 가장 뚜렷하게 다른 점이다. 따라서 소통이라는 관점에서 전자학습은 대중매체 학습보다 더 나은 학습의 방법이라고 할 수 있다.

학습자가 시간과 공간의 제약을 뛰어넘어 교육을 받을 수 있는 새로운 차원의 학습 방법이다. 특히 최근에 급속도로 팽창하고 있는 다양한 웹사이트가 지원하는 학습자원의 활용도는 엄청난 잠재력을 가지고 있다. 이러한 잠재력에 대해서 교육학자 엘리엇 마지(Elliott Masie)는 전자학습(e-Learning)의 세 가지의 장점을 꼽았다. 첫째 e는 더 많은 경험(experience)의 기회를 뜻한다. 두 번째 e는 학습 선택권의 확장(extension)하는 환경을 마련한다. 세 번째 e는 학습의 기회를 무한대로 확대(expansion)한다. 바야흐로 전자학습 시대에 살고 있는 우리는 전자학습의 방법과 기회를 적극적으로 활용하여 학습의 효율을 극대화할 수 있을 것이다.

3-10 모바일학습(mobile learning)

모바일 학습은 "이동이 가능한 개인용 전자 장치를 사용하여 쌍방 간에 소통을 통해 이루어지는 학습"을 뜻한다. 여기에서 사용되는 기기에는 이동성이 보장되는 노트북 컴퓨터, 태블릿, 휴대폰, MP3 플레이어 등이 포함된다. 4차 산업혁명시대로 진입하는 21세기에서 시공의 제약을 받지 않는 전자학습의 장점에 이동성을 겸비한 모바일학습은 정보사회의 구축과 운영에서 가장 혁신적이고도 각광받는 학습방법이 되고 있다. 이는 교육의 분야를 넘어서 사회, 경제, 문화에서부터 국가안보에 이르기 까지 광범위하게 지대한 영향을 끼치고 있다.

4. 학습의 원리

인간은 진화과정을 통해서 생각과 창조를 통하여 새로운 환경을 익히고 적응하면서 문화와 문명을 이루어온 지구상의 유일한 동물이다. 인류의 문명과 문화에서 가장 두드러지는 특징은 국가와 정치를 통한 조직적인 사회를 형성하고 문자를 포함한 언어 그리고 예술을 통해서 이루어지는 소통이라고 할 수 있다. 이는 오감과 소통을 모두 동원하는 행동의 종합적인 결과이다. 다시 말해서 학습은 인류의 문화와 문명을 형성해온 모든 요인의 총체적인 행동의 결과이다. 따라서 학습의 원리는 단순 명확하게 규명될 수 없는 복잡한 과정이다. 우리는 이와 같은 복잡 계를 통하여 이루어지는 학습의 원리를 핵심적인 요소를 체계적으로 정리하여 제시한 에드가 데일 (Edgar Dale)의 경험피라미드 표를 바탕으로 알아보고자 한다.

1) 능동학습 : 수동학습

능동학습을 말하고, 쓰고, 행동하는 3가지 요소로 수동학습은 보고, 듣고, 읽는 3가지 요소로 구성된다. 특히 이 두가지 학습을 구성하는 요인들이 서로 겹치지 않는다는 것을 알 수 있다.

2) 기억 효율

숫자로 나타낸 퍼센트는 학습을 통해서 기억되는 효율을 나타낸다. 예를 들어서 읽기의 기억 효율을 10퍼센트이나 듣기의 기억 효율은 20퍼센트로 나타난다. 읽고 쓰기의 기억 효율은 70퍼센트이지만 행동의 기억효율은 90퍼센트이다. 에드가 데일이 숫자로 나타낸 학습 방법의 기억효율에 대하여 반론을 제시하는 보고도 많이 있다. 교육학자인 베트루스 (Betrus)는 2016년도에 발표한 논문에서 학습 방법에 따른 기억 효율은 에드가 데일이 발표한 수치에서 많이 벗어나 있다고 반박하였다. 특히 수브라모니(Subramony) 연구팀은 보기의 기억효율은 50퍼센트에 달하는 반면에 듣기의 기억효율은 고작 5퍼센트 정도가 된다는 보고를 2016년도에 발표하였다.

3) 오감 및 행동을 통한 학습효과

에드가 데일의 피라미드 표를 살펴보면, 능동학습의 학습효과는 수동학습의 것보다 월등하다(그림 3). 능동학습은 말하고 쓰기를 동시에 하는 경우에 기억효율이 70퍼센트에 달하고 실행하는 경우는 90퍼센트에 달한다. 능동적인 학습의 구체적인 학습 방법은 다음과 같다. 학습자가 말하고 쓰는 내용의 70퍼센트를 기억한다. 그 다음으로 효율성이 좋은 학습은 보고 듣는 것이며 가장 효율이 낮은 학습 방법은 읽기로서 학습 효과는 10퍼센트에 불과하다.

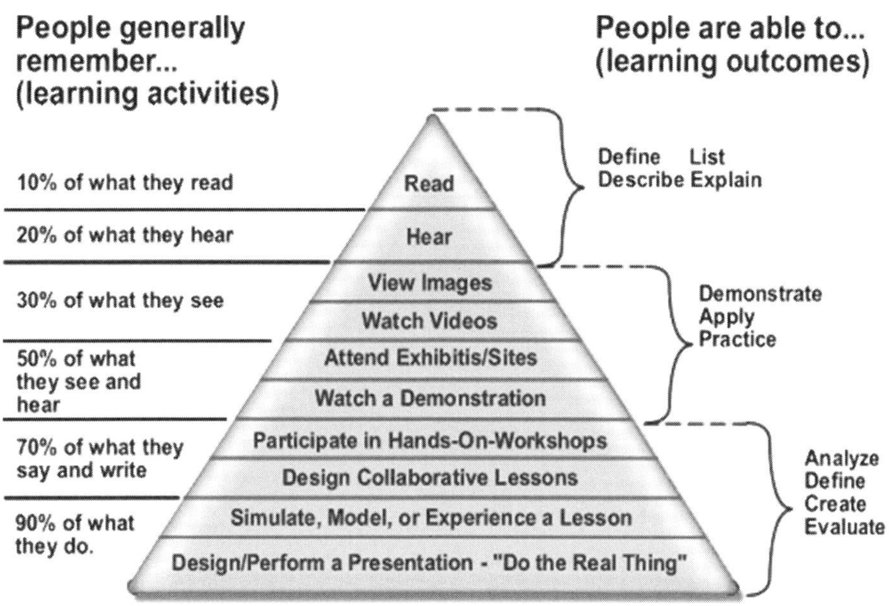

[그림 3] 에드가 데일(Edgar Dale)이 분류한 학습의 종류 및 학습의 효율성; 학습의 효과가 가장 좋은 경험(what they do)에서부터, 말하고 쓰기, 보고 듣기, 보기, 듣기, 가장 낮은 읽기(reading)의 순서로 나타난다.
https://commons.wikimedia.org/wiki/File:Edgar_Dale%27s_cone_of_learning.png#/media/File:Edgar_Dale's_cone_of_learning.png

첫째는 손으로 직접 실행하거나 공동 작업을 통해서 제작하는 방법이다. 둘째는 손으로 하는 실험과 병행하여 실험의 내용과 결과를 정리하여 발표를 하는 방법이다.

4) 지적 능력

학습을 통해서 얻는 능력은 사물이나 현상에 대한 서술, 정의, 설명, 증명, 적용, 분석, 창의 등으로 나타낼 수 있다. 이에 대한 구체적인 논의는 별도의 장에서 다루기로 한다.

5) 학습 동기

여러분이 집에서 늦은 밤까지 오랜 시간동안 공부를 하니 배고파지는 상황에서 맛있는 피자 냄새를 맡았다고 가정해보자. 우리는 어떤 행동할까? 우리는 읽고 있던 책이나 쓰고 있던 과제를 잠시 접어두고 피자 냄새가 나는 곳으로 가게 될 것이다. 여기에서 우리가 하던 작업을 중지하게 만든 맛있는 피자 냄새를 신경생물학적 용어로 '보상 자극 신호 (reward stimuli signal)'이라고 부르고 피자를 먹으면 배부르게 되는 결과를 '보상 (reward)'라고 부른다. 때문에 예상치 못한 보상을 자극하는 신호를 받은 동물을 하던 일을 중지하고 보상을 받기 위한 행동을 취한다. 이러한 적응 행위에서, 신호-보상 연관성이 보상을 위한 시도 또는 접근 행위를 유발한다. 이러한 행위에서, 기저핵에 있는 핵축적1 (NAc1) 부위가 동기유발 신경계와 운동신경계를 연결하는데 핵심적인 역할을 하는 것으로 여겨져 왔다.

5. 대학 강좌의 학습 방법

대학의 교과 과정은 실험 및 실습을 제외한 대부분의 교과 과정은 교수자가 일방적으로 강의를 진행하는 일방향식 강좌이다. 위에서 에드가 데일이 제시한 학습의 방법에 따른 학습의 효과를 반영하여 대학의 강좌를 효과적으로 학습하는 방법을 따져보자. 대학 강좌는 교과서의 내용을 교수가 일방적인 강의로 진행하고 수강자의 이해 정도를 시험을 통해서 평가하는 형식으로 진행된다. 따라서 우리는 이 세 가지 요소를 가장 효과적으로 수행할 수 있는 방법을 개발할 필요가 있다.

5-1 강의 수강

교수가 강의하는 동안 수강자는 강의 내용에 집중하여 강의 주제를 우선적으로 파악하고 주제의 내용을 거시적인 관점에서 전체적인 개념을 이해하도록 한다. 개념을 설명하는데 필요한 핵심 단어를 논리적인 순서로 교과서에 표시한다. 전체 내용을 빠짐없이 적을 필요는 없다. 이는 종종 전체적인 개념을 파악하지 못하고 논리의 중간 단계에서 혼동을 초래하기 때문이다.

5-2 자기 학습

강의가 끝나고 복습하는 시간 사이가 짧을수록 학습의 효과가 좋다. 우리의 뇌는 기억력이 좋지 않을 뿐만 아니라 기억이 나지 않는 것에 대해서는 거짓을 사실로 착각하기를 좋아하기 때문이다.

1) 그림 이해

개인적인 복습은 교과서에서 강의에서 사용된 그림 및 도표를 위주로 시작한다. 이때 수강자가 강의 시간에 이해한 내용을 떠올리면서 이해한 개념의 논리를 따라서 그림을 상세하게 살펴본다. 개념에 대한 논술에 필요한 핵심 단어가 생각나지 않는 경우가 대부분이다. 핵심 단어는 그림의 설명에 적혀있다. 수강자가 이해한 개념과 핵심 단어를 연결하고 핵심 단어를 기억한다.

2) 본문 숙독

개념을 이해하고 기술하는데 필요한 핵심 단어를 논리적으로 사용할 수 있는 단계에 접어들었기 때문에, 이제 수강자는 개념에 관한 본문을 읽는다. 세 번의 정독을 추천한다. 이때 소리를 내서 읽으면 집중력이 증가하면서 학습의 효과도 증진시킬 수 있다.

3) 핵심 문제 및 정답

수강자는 하나의 그림과 관련되는 본문을 정독하고 완전하게 이해한 자신감을 갖는다. 여기서 수강자는 강좌를 가르치는 교수라고 가정하고 출제자의 입장에서 자신이 판단한 중요도에 입각해서 시험 문제를 출제한다. 각 개념에 대해서 한두 개의 간단한 문제를 출제하고 간단하게 정답을 써서 정리한다. 이 과정은 매우 중요하다 힘들여서 이해한 개념을 논리적으로 써서 갖고 있지 않으면 시험 직전에 다시 모든 과정을 반복해야하기 때문이다. 우리의 뇌는 우리가 생각하는 것보다 잘 잊는다.

4) 집단 토론

수강자가 개발한 문제와 정답을 가지고 세 명 내외의 수강자와 질문과 토론하는 시간을 반드시 갖는다. 개인이 이해하고 문제를 개발하는 능력은 서로 매우 다르기 때문에 집단 토론을 통해서 객관적인 사고와 발표력, 그리고 비판 및 토론 능력을 키운다.

Chapter 04

신경망

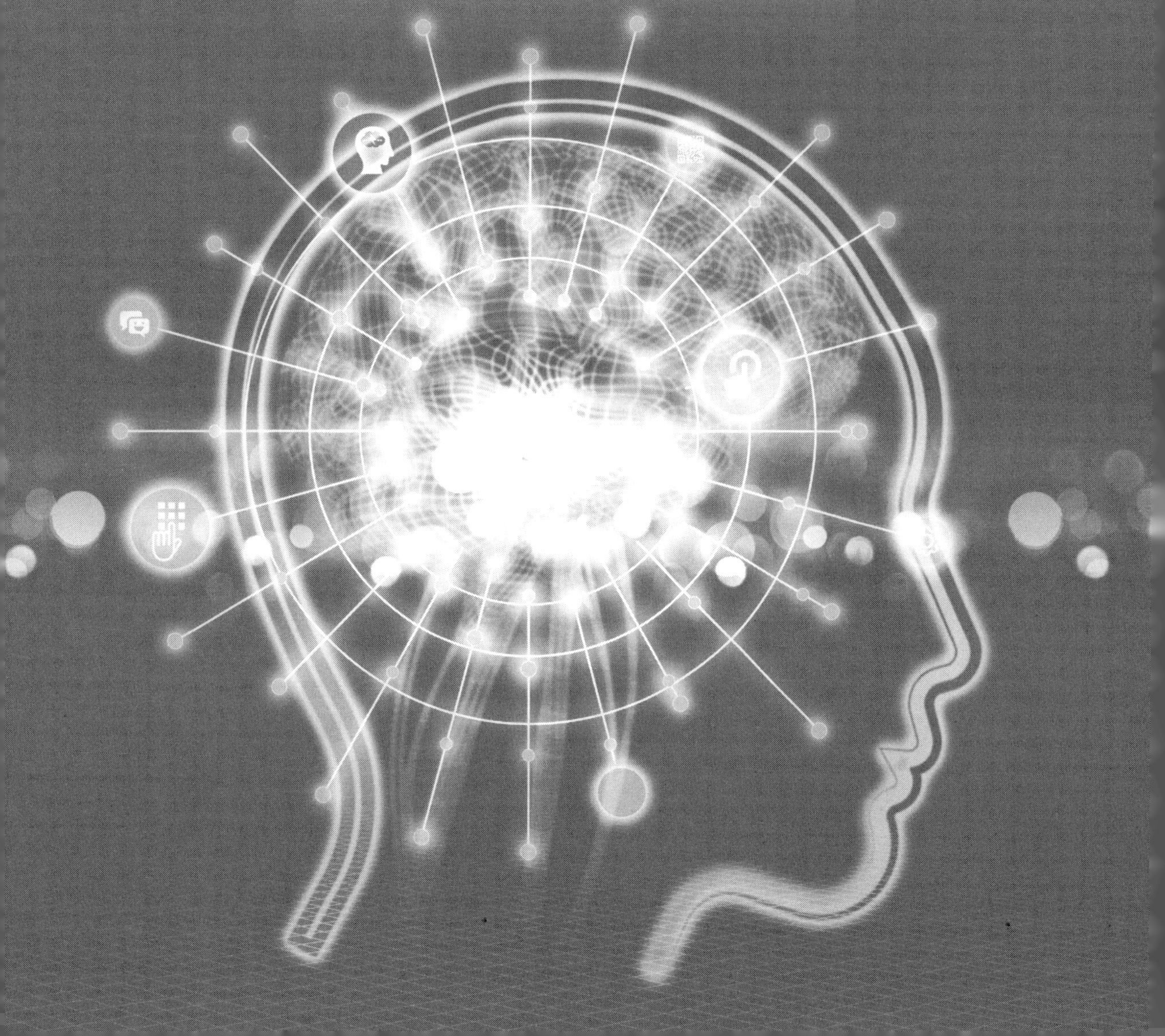

신경망

우리가 생활 속에서 겪는 경험들은 신체의 다섯 가지 감각기관을 통해서 뇌에 입력된다. 다섯 개의 감각 기관은 받은 자극을 전기화학적인 신호로 바꾸어 신경망을 통해서 대뇌피질의 일정한 부위에 전달한다. 대뇌피질은 전달된 신호를 해석하여 운동조절을 담당하는 대뇌피질로 내보낸다. 따라서 인간의 뇌는 여러 가지 자극을 접수하여 반응을 조절하는 여러 가지의 복잡한 신경망을 가지고 있다. 4장은 이렇게 복잡한 신경망 중에서 학습과 가장 많이 관련되어 있으며 가장 연구가 잘되어 있는 시각신경망을 중점적으로 다룬다.

1. 신경망의 종류

신경망은 우리의 몸이 환경으로부터 오는 모든 종류의 자극을 인식해서 신호로 바꾸어 뇌에 전달하고 뇌가 해석하고 지령한 신호가 몸에 다시 전달되어 반응을 야기하는데 관여하는 모든 신경세포가 이루는 망을 통털어서 신경망이라고 부른다. 따라서 신경망을 구성하는 가장 기본은 우리가 갖는 다섯 가지의 감각에서 비롯된 신경망들이다; 시각 신경망, 후각 신경망, 미각 신경망, 청각 신경망, 그리고 감각 신경망이다. 본 장은 신경망의 구조와 기능을 비교적 상세하게 살펴보기 위해서 과학적으로 연구가 잘 되어 있는 시각 신경망을 살펴보고자 한다.

2. 인간의 시각 신경계

인간의 감각기관에서 시각 계는 놀라운 수준으로 잘 발달되어 있다. 지구에서 공통적으로 가장 많이 사용되는 문자는 우리도 일상적으로 쓰고 있는 아라비아 숫자(1, 2, 3, . . .)이다. 사람이 손으로 쓰는 아라비아 숫자는 개인의 서체에 따라서 상당히 다르다. 숫자 5를 개인이 손글씨로 쓰는 경우를 들어보자 (그림 1). 숫자 5의 모양은 개성을 반영하여 개인에 따른 차이가 상당히 있다. 이와 같이 개인에 따라 다양한 서체는 개인을 동정하는 대상으로도 사용된다. 놀라운 점은 이와 같이 다양한 서체에도 불구하고 우리는 대부분의 경우 손으로 써진 글씨 5를 5로 해독한다. 이렇게 인간 문자 해독능력은 시각에서 생긴 신호가 뇌에서 일정한 의미로 해석되는 시각신경망에 있다.

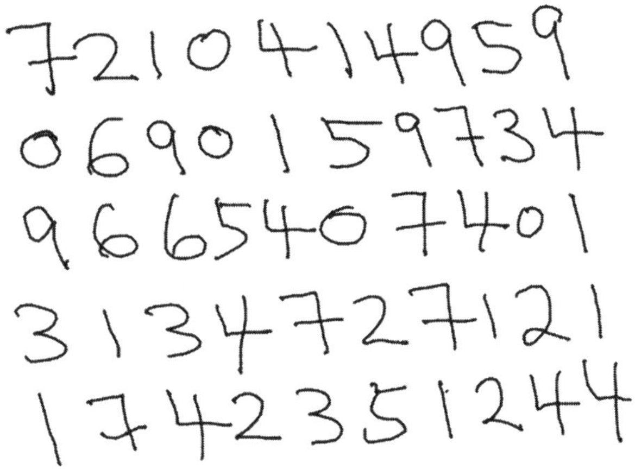

[그림 2] 10개의 숫자를 무작위 순서로 손으로 적은 숫자

우리가 생각하기에 쉬어 보이는 일을 컴퓨터 장치에서 수행하는 일은 갑자기 어려워진다. 우리가 쉽게 인식하는 숫자 9를 컴퓨터가 인식할 수 있는 작업은 매우 복잡하다. “9는 상단에 고리가 있고 오른쪽 하단에는 왼쪽으로 구부러지는 곡선이 있다”를 알고리즘을 사용하여 표기하는 일은 절대 간단하지 않다. 이와 같은 규칙을 정확하게 만들려고 할 때 우리는 너무나 많은 예외적인 상황과 특별한 경우를 만나기 때문이다. 신경망은 이러한 문제를 컴퓨터에 적용되는 알고리즘과 전혀 다른 방식으로 해결한다. 신경망은 손으로 쓴 여러 숫자

(그림 1)를 우선적으로 접하고 나서 이들 여러 가지 예제로부터 배울 수 있는 관리하는 시스템을 개발한다. 신경망은 여러 예제를 사용하여 손 글씨 숫자를 인식하는 규칙을 자동적으로 추측하는 것이다. 더구나 신경망은 더 많은 수의 예제를 접함으로써 손 글씨에 관한 정보를 수집하여 정확도를 늘려간다. 그림 1에서 보는 바와 같이 50가지의 손 글씨 숫자로 시작하여 수천 혹은 수만 개의 손 글씨 숫자를 접함으로써 더 나은 손 글씨 인식기를 만든 것이다. 본 장은 시각 신경계가 시각 정보를 인식하고 종합하여 해석하는 기능을 수행하는 신경망의 흐름을 먼저 살피고 뇌에 전달된 시각 정보가 해석되는 과정을 조직의 수준에서 파악하고자 한다.

2-1 인간의 시각 신경망

시각 신경망은 눈에서 일차 시각 피질까지 직접 이어진다. 눈이 접수한 시각 정보는 시상의 옆쪽 무릎 핵(LGN; lateral geniculate nucleus)을 통과하여 1차 시각피질, V1에 도달한다. 시각피질은 뇌의 두 반구에 있다. 좌뇌의 시각 피질은 오른쪽 시야에서 출발한 신호를 수신하고 우뇌의 시각피질은 왼쪽 시야에서 온 신호를 수신한다(그림 2). 양쪽 눈의 망막을 통해서 접수된 시각 정보의 일부는 시신경의 축색을 타고 시신경 교차점에서 교차한다. 반면에 일부는 교차하지 않기 때문에 왼편 및 오른편 눈이 접수한 시각 정보는 각각 좌뇌 및 우뇌에 전달된다. 이 후에 시각 정보는 모든 시신경 축색 돌기(시각로; optic tract)를 따라 이동하여 중뇌를 거쳐서 옆쪽 무릎 핵(lateral geniculate nucleus)에 도달한다. 옆쪽 무릎 핵을 통과한 정보는 축색을 따라 이동해서 후두엽에 있는 1차 시각피질 V1에 도달한다.

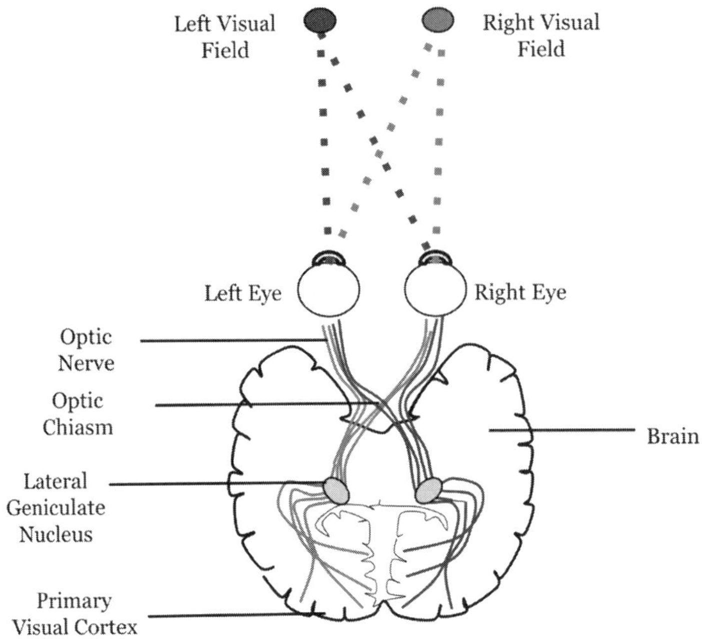

[그림 3] 양쪽 눈으로 접수된 시각 정보가 시신경 교차점(optic chiasm)을 통과하여 옆쪽 무릎 핵(lateral geniculate nucleus)을 거쳐 1차 시각 피질(primary visual cortex)에 도달한다.
https://commons.wikimedia.org/wiki/File:Neural_pathway_diagram.svg#/media/File:Neural_pathway_diagram.svg

2-2 시각피질

인간의 대뇌피질은 앞에서 살펴본 바와 같이 기능에 따라서 전두엽, 정두엽, 측두엽, 후두엽으로 나뉜다. 시각 피질은 후두엽에 있다. 하나의 반구에 있는 시각피질의 1차 시각 피질(V1)은 약 1.5억 개의 뉴런으로 구성되어 이들이 연결되는 시냅스의 수는 수천억 개에 이를 것으로 추정된다. 1차 시각 피질의 양쪽 측면에 2차 시각 피질 V2가 있고 V2 옆에 V3있다. 인간의 시각피질에서 시각 정보를 최초로 접수하는 피질은 V1이다. V1은 양 옆에 붙어있는 V2 영역에 정보를 전달하여 두 가지 방향으로 처리된다(그림 3). 배쪽 흐르는 경로(ventral stream)는 V1, V2, V3를 순서대로 거쳐서 후방 측두엽 피질에 도달한다. 이 경로를 "사물 인식 경로(What Pathway)"라고 부르는데 이는 형태 인식과 사물의 표현과 관련되는 기능을 수행하기 때문이다. 또한 이 경로는 장기 기억의 저장과도 관련된다. 등쪽 경로는 V1로 시작하여 V2를 통과한 다음 V5와 V6를 거쳐 안쪽 측두엽 (MT / V5)과 뒤쪽 정두엽 피질에 도달한다. 등쪽 경로는 '장소 경로(Where Pathway)' 및 '방법 경로(How Pathway)'로 불린다. 등쪽 경로는 시각적 정보를 사용하여 물체 위치를 표현하는 역할을 한다. 공간 인식과 함께 눈과 팔의 움직임을 제어하는 역할도 함께 한다. 이와 같이 피질에 있는 각각의 영역은 망막을 통해서 입력된 복잡한 정보를 일련의 과정을 통해서 처리하여 이미지로 해석한다. 놀라운 점은 우리의 뇌가 이렇게 고도로 어려운 작업을 아주 쉽게 처리하기 때문에 우리가 의식하지도 못하는 사이에 이루어진다는 사실이다.

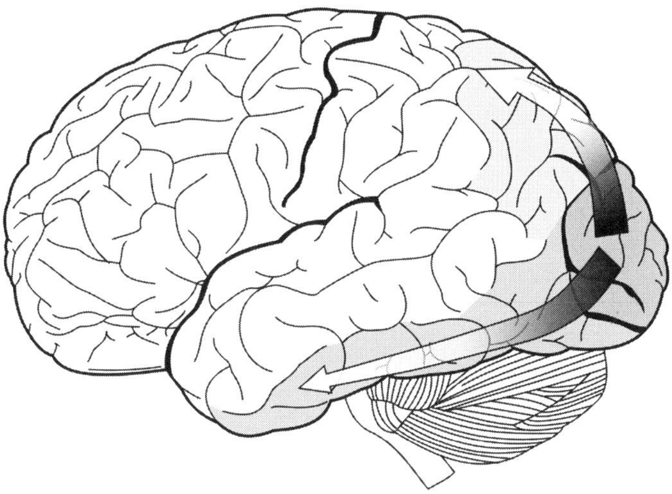

[그림 4] 후두엽에 있는 시각 피질; 1차 시각 피질 (V1)에 접수된 정보가 양쪽으로 진행된다. 하나는 등쪽 경로(초록)로 다른 하나는 배쪽 경로(보라)로 진행된다. 등쪽 경로는 '사물 경로'로 배쪽 경로는 '위치 경로'로 불린다.
https://commons.wikimedia.org/wiki/File:Ventral-dorsal_streams.svg#/media/File:Ventral-dorsal_streams.svg

1) 1차 시각피질; V1

1차 시각 피질은 뇌에서 가장 많이 연구된 시각영역이다. 정지되어 있거나 움직이는 물체에 대한 정보를 처리하는 데 특수화 되어 있으며 패턴을 인식하는데 우수하다. 기능적으로 밝혀진 1차 시각 피질은 해부학적으로 정의된 줄무늬의 피질 영역과 거의 겹친다. 예를 들어, V1의 특정한 부위의 상단은 아래쪽 절반에, 하단은 시야의 위쪽 절반에 반응하도록 특화되어 있다. 숫자 9의 경우를 들어서 다시 설명하면 V1의 특정한 부위의 상단은 숫자 9의 왼쪽으로 굽은 꼬리 모양을 하단은 고리 모양을 강력하게 인식한다. 이와 같이 특화된 시각피질의 기능 때문에 망막에 맺혀진 이미지에 관한 시각 정보가 정확하게 1차 시각피질에 투사된다. 이러한 생물학적 과정을 '망막위상적 지도(retinotropic map)'이라고 한다. V1의 투사된 이미지 정보는 고도로 정밀해서 망막의 사각지점 (blind spot)도 V1에 투사된다.

2) 2차 시각피질; V2

2차 시각피질, V2는 V1에서 오는 신호 정보를 수신하여, V3, V4 및 V5 등 다른 영역으로 내보낸다. 뿐만 아니라 V2는 신호 정보의 접수를 확인하는 신호를 V1에 내보낸다. V2는 좌우 및 앞뒤를 담당하는 네 개의 영역으로 나뉜다. 이러한 네 지역은 V1의 상하를 담당하는 영역과 함께 시각이 접수한 정보를 사용하여 완전한 지도를 제작한다. 이 밖에도 V2를 구성하는 세포는 사물의 방향, 크기, 공간도, 모양 및 색상과 같은 간단한 속성을 파악한다. 최근에 발표된 연구 결과에 의하면, V2 내에 있는 특수층은 사물인식기억을 저장하는데 핵심적인 역할을 할 뿐만 아니라 단기 사물기억을 장기 사물기억으로 전환하는데도 매우 중요한 기능을 한다.

3) 3차, 4차, 5차 시각피질; V3, V4, V5

V3, V4, 및 V5의 기능에 관한 연구는 최근에 활발하게 진행되고 있다. 이들의 기능은 시각 정보의 세밀한 해석과 전체적인 이미지를 총괄하여 선명하게 형성하는 역할을 하는 것으로 여겨진다. 특히 움직이는 물체의 운동성을 이미지로 전환하는 작업을 한다.

3. 시각 정보의 해석

우리는 눈을 통해서 접수하는 정보를 통해서 문자, 사진, 그림, 동영상을 비롯하여 지구의 모든 동물의 실체를 인식할 수 있다. 인간의 지식, 예술, 문화, 감성, 및 사회생활은 우리의 생존과 생활의 질로 연결된다. 우리가 살아가면서 느끼는 감정을 우리는 하나의 단어로 희로애락이라고 부른다. 기쁨, 노여움, 사랑, 즐거움이라고 부르는 것이다. 이러한 감정 상태는 우리가 오감을 통해서 접수하는 감각 정보에 대한 해석이라는 것이 뇌 과학적 해석이다. 반면에, 우리가 생활하면서 느끼는 감정은 단순하게 오감을 통해서 유도되는 감정의 상태가 아닌 것이 더욱 많다. 이에 대한 가장 좋은 예로서 우리는 자신이 추구하던 목표를 달성할 때 느끼는 성취감은 매우 복잡하다. 결과에서 느끼는 희열과 함께 그동안 겪었던 어려운 시간들을 가져오는 복합적인 감정들이다. 따라서 우리가 생활에서 경험하는 감정을 한 문장으로 정의하는 것은 매우 어렵다. 예를 들어보자. 미국의 유명한 추상화가인 마크 로스코(Mark Rothko)의 작품을 감상하는 관람객 중에 상당한 수가 격한 감동을 이기지 못해서 눈물을 흘린다.

[그림 5] 미국 추상화가 마크 로스코의 작품

이와 같이 색깔은 우리의 심연에 깊은 감성을 자극한다. 뿐만 아니라 우리의 생활에서 주거지나 근무 환경에 걸쳐서 우리에게 다양한 영향을 끼친다. 색상 표는 색상, 채도, 명암의 혼합 비례에 따라서 만들어진다(그림 5). 특히 색상과 감정의 관계를 정리한 색감 도표도 있다.

[그림 5] 스페인 EGM Lab이 제작한 색상표
https://commons.wikimedia.org/wiki/File:IT8_color_target_by_EGM_Laboratories.jpg#/media/File:IT8_color_target_by_EGM_Laboratories.jpg

감각 기관이 입력한 자극들이 뇌에 전달되어 희로애락의 감정을 만들어내는 것이다. 오감이 입력하는 정보를 처리하는데 특화되어 있는 신경회로와 연결된 특정한 피질 영역 (앞에서 예를 들었던 시각 피질)이 접수한 정보를 처리하여 일종의 감정을 유발하는 것은 이미 규명되었다. 최근의 보고에 의하면, 감각 기관과 정서의 발달은 이제까지 생각했던 것보다 훨씬 복잡하게 연계되어 있다. 기능적 자기 공명 영상 (fMRI) 연구에 따르면 초기 시각 영역을 포함한 일련의 뇌 영역에 걸친 활성화는 시각 자극의 정서적 내용에 의해 향상된다. 랭 연구진은 정서적 처리와 관련하여 시각 피질을 연구했다. 연구진들은 감성을 자극하는 그림과 중립적인 그림을 참가자들에 보여주고 자기공명영상기를 사용하여 활성화된 부위를 측정하였다. 중립적인 사진과 비교하여 감정적인 사진이 유의성 높은 수준으로 시각 피질을 더 많이 활성화되었다. 이는 정서를 유발하는 시작적인 자극이 시각 피질을 더 효과적으로 활성화 되는 것으로 해석했다. 동일한 이미지가 두 번 이상 제시되면 어떻게 될까? 활성화가 낮아질까? 시각적 활성화는 무언가를 계속 처리하기 위해 뇌에 대한 메모로만 발생할 수 있습니다. 무언가가 완전히 처리되면 시각적 신호는 덜 중요하다. 비전이 감정을 분류하고 처리하는 데 어떻게 도움이 되는지 언급했지만 작동하지 않는 시각 시스템을 가진 사람들은 어떨까? 그들은 여전히"정상적으로"감정을 표현할 수 있을까? 아직도 풀리지 않은 흥미로운 질문이 많이 남아있다.

4. 색깔과 감성

특정한 자극의 조합이 어떻게 다른 종류의 감정을 만드는지를 설명하기 위한수학적인 모델이 있다. 이 모델은 여러 가지 이미지를 11 개의 각기 다른 감정의 종류로 해독하는 신경망을 구축하였다. 연구자들은 25,000 개가 넘는 방대한 양의 이미지와 영화를 사용하여 모델의 유효성을 우선적으로 검사하였다. 더 나아가서 이들은 이미지 콘텐츠가 인간 감정 등급의 범주와 종류를 예측하기에 충분하다는 것을 입증하였다. 이와 같이 기능자기공명영상을 이용한 연구를 통해서, 인간의 시각 피질 활동의 패턴들은 감정 종류와 관련되는 모델 출력을 암호화하고 있으며 이들은 여러 범주의 감정적 경험으로 해석한다. 이와 같이 시각 시스템은 여러 감정의 종류에 따르는 시각적 특성들을 각기 독특한 감정으로 매핑하고 해석함으로써 분류하여 해독했다(그림 6).

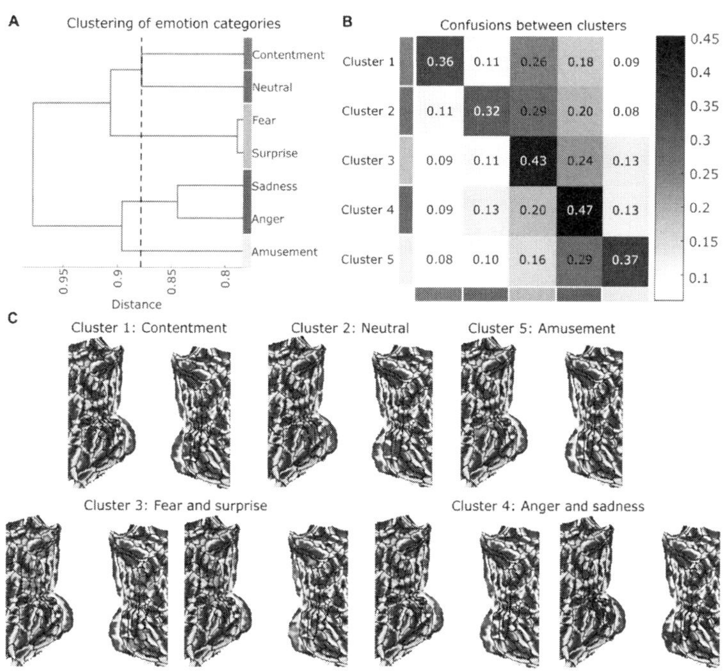

[그림 6] 감정의 종류에 따라 다른 영역이 활성화 되는 뇌의 피질 (Phan KL., et al).

우리는 적당한 소음과 오렌지 빛깔 조명이 잘 되어있는 카페에서 공부하는 것이 일반화되었다. 여기서 적합한 소음은 집중력을 오히려 향상시켜주는 효과를 나타내기 때문에 지어진 용어이다. 마찬가지로 우리의 시각 체계도 여러 가지 시각적인 자극들을 동시 다발적으로 접수하는 상황에 있다. 이렇게 경쟁적으로 입력되는 시각적인 자극들 중에 특정한 대상을 더욱 정확하게 인식하는 능력을 우리는 가지고 있다. 눈을 통해서 들어온 여러 가지 시각적 신호들이 시각 신경망을 거치는 동안 모식과 조절을 통해서 특정한 신호들만 선택하는 것으로 여겨진다. 이 과정에서 일어나는 모식과 조절은 새롭게 입력된 시각 정보의 종류와 특성들이 뇌의 다른 영역의 기능과 맞물려서 시각 피질의 활성을 선택적으로 조절하는 것이다. 이와 같이 시각적 자극을 처리하는 과정에서 새로운 시각적 신호를 구별하는데 연결되는 뇌의 영역은 편도체로 보인다(4). 편도체는 새로운 시각 자극에 대해서 충실하게 반응하는 뇌의 구조 중의 하나이다. 편도체를 시각적 자극의 관련성과 중요도를 연결하는 측면에서 편도체는 관점에서 편도체의 소포와 연관시키는 연구와 함께, 사건의 중요성을 결정하기 위해서는 참신의 빠른 차별과 감각 처리 자원의 재 할당이 필수적이다. 감각 기관은 정서적으로 관련되는 자극들에 대해서 더 강하게 반응하는 것으로 해석된다. 이 경우 정서적 자극은 더 강한 감각적 반응을 불러일으키지만 두려움과 분노, 슬픔과 기쁨과 같은 감정에 대한 정보는 다른 곳에서 표현되는 것으로 여겨진다. 시각피질에 입력된 정보들은 감정적 정황들을 풍부하게 반영 할 수 있다. 색깔이나 공간과 같은 기본 정보에서부터 얼굴이나 물체에 대한 고급 정보들의 독특한 구성 요소들을 시각 피질이 정보로 처리하여 두려움, 분노, 욕구 또는 기쁨과 같은 구체적인 정서적인 반응들을 구분할 수 있다. 고도의 시각적 정보들은 특정한 감정적 반응을 불러일으키는 상황적 단서의 역할을 하는 것으로 여겨진다. 예를 들어, 대학살 장면은 혐오나 공포에서부터 동정심과 분노에 이르기 까지 정황에 따라 폭 넓은 반응을 가져 올 수 있다. 또한 우리는 길거리를 거닐다가 매력적인 얼굴과 멋진 몸매를 접하게 될 때 성적인 행위와 관련된 연상을 한다. 맛있는 음식이 있는 장면을 보면 먹고 싶은 욕구를 갖거나 맛있는 음식의 재료를 구매하고자하는 충동을 갖는다. 그러나 이러한 장면의 감각 요소들이 특정한 감정적 반응을 결정하는 전적인 요인이 되지 못한다. 각자가 갖고 있는 삶의 경험, 목표, 또는 환경에 관한 기억 정보들이 새로 입력된 감각 정보와 함께 처리되어 개인적인 감정 반응을 일으킨다. 이와 같이 기존의 감정 양식은 새로운 양식이 제공하는 감정적 반응의 레퍼토리를 급격히 제한하는 것으로 여겨진다. 예를 들어, 공포 장면은 두려움, 분노 또는 동정심을 줄 수 있지만 돌보기, 장난스럽거나 슬퍼하는 감정적 반응을 가져오기에는 선천적으로 부적절한 것이다. 이는 생존과 삶의 질과 직결되는 원천적인 감정들은 생물학적으로 오래된 기저 피질에서 처리되어서 인지 과정에 거의 관여하지 않는 것으로 여겨진다. 반면에 다양한 종류의 원형적인 감정의 체계가 따로 존재하는데, 그 일부는 인간의 감각 피질 시스템에 내장되어 있는 것으로 여겨진다.

참고 문헌

1. Phan KL, Wager T, Taylor SF, Liberzon I. (2002) Functional neuroanatomy of emotion: a meta-analysis of emotion activation studies in PET and fMRI. Neuroimage. 16:331-48.
2. Sabatinelli D, Flaisch T, Bradley MM, Fitzsimmons JR, Lang PJ. (2004) Affective picture perception: gender differences in visual cortex? NeuroReport. 15:1109-1112.
3. Philip A. Kragel, Marianne C. Reddan1, Kevin S. LaBar and Tor D. Wager. (2019) Emotion schemas are embedded in the human visual system. Science Advances 5(7): 4358
4. Olga T. Ousdal , Ole A. Andreassen, Andres Server, Jimmy Jensen. (2014) Increased Amygdala and Visual Cortex Activity and Functional Connectivity towards Stimulus Novelty Is Associated with State Anxiety. PLOS. https://doi.org/10.1371/journal.pone.0096146

자기계발 뇌과학

Chapter 05

인간의 다중 지능

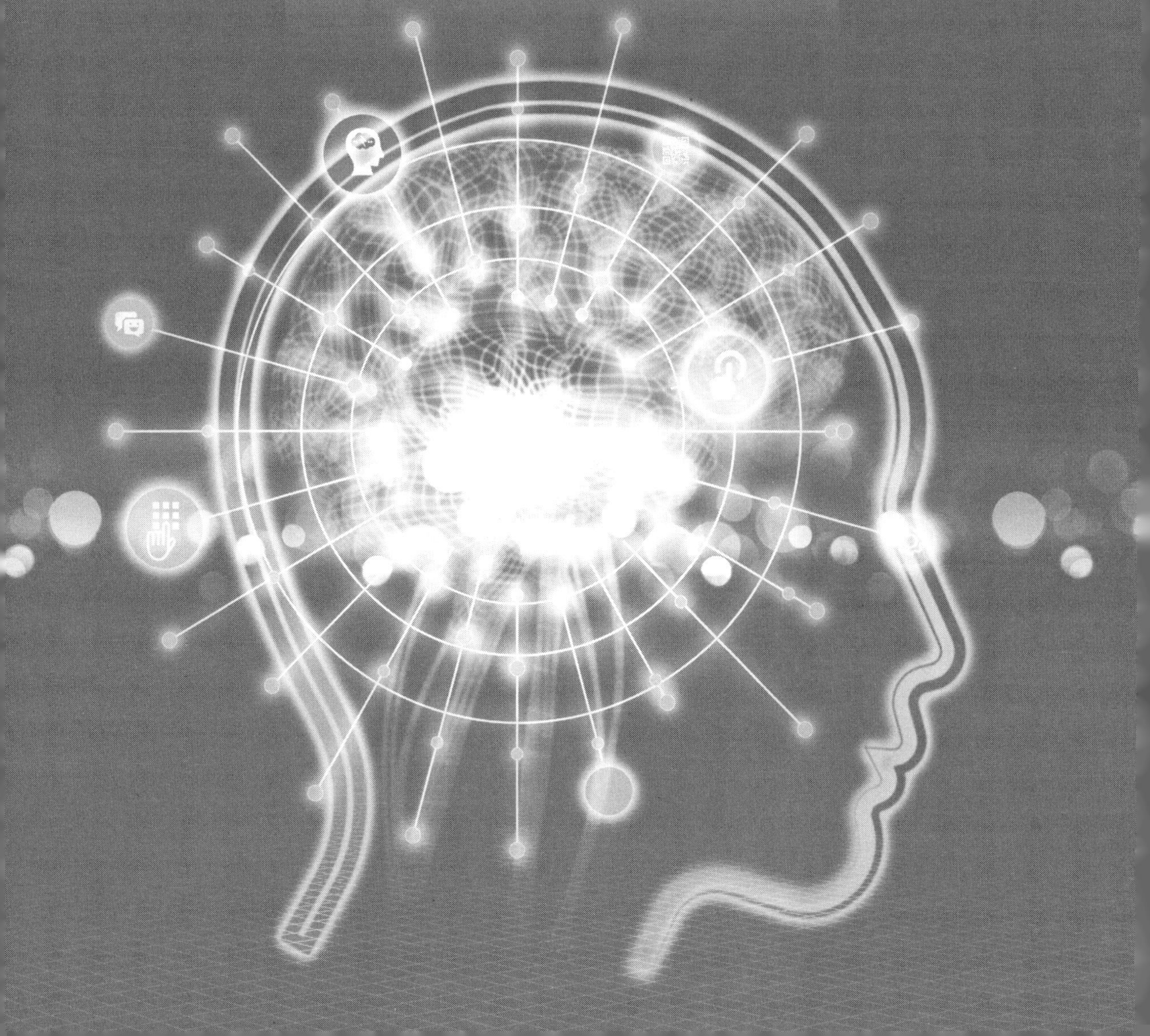

인간의 다중 지능

1. 인간 지능의 정의

우리는 사람을 만물의 영장이라고 부른다. 인류가 다른 동물과 비교할 수 없을 만큼 높은 수준의 지적 능력을 가지고 있기 때문이다. 사람은 수천에서 수만 개에 이르는 단어를 사용하여 소통할 수 있는 고등 수준의 능력을 갖는다. 더구나 인류는 문자의 창조와 사용을 통해서 때와 장소를 뛰어 넘어 다른 사람들과 소통할 수 있다. 이외에도 우리는 관찰력, 직관력, 상상력을 가지고 이 들을 사용하여 창조력을 구사할 수 있는 유일한 동물이다. 인류의 특징적인 능력을 모두 지칭하는 것을 인간 지능의 정의라 할 수 있다. 위키피디아에서 설명하고 있는 인간 지능의 정의에 대한 설명도 이와 유사한 맥락이다. 인간의 지능은 복잡한 사실의 인식, 높은 수준의 동기 부여, 그리고 자기 인식을 수행하는 능력이다. 이러한 인간의 지능을 통해 우리는 패턴을 인식하고, 아이디어를 이해하고, 계획을 세우고, 문제를 해결하고, 결정을 내리고, 정보를 유지하고, 언어를 사용하여 소통하는 능력을 가지고 있다. 더 나아가서 새로운 것을 배우고, 개념을 형성하고, 이해하고, 논리와 이유를 이해할 수 있는 인지 능력을 가지고 있다.

2. 다중 지능

우리는 태어나서 유치원에서부터 대학교에 이르는 교육을 받는다. 이 과정에서 우리는 우리의 지적 능력을 측정하는 IQ 테스트를 적어도 한번은 받아보았다. 이와 같이 인간의 지적 능력을 IQ 테스트에서 측정하는 기준으로 정의하는 방식에 하버드 대학교 교육학과 하워드 가드너 (Howard Gardner) 교수가 이의를 제시하였다. 그는 인간의 지능을 단순한 IQ 테스트가 측정하는 능력으로 정의하는 것은 커다란 모순이라고 여겼다. 그는 1983년 그의 책 '다중 지능; Frames of Mind: The Multiory of Intelligences)에서 다중 지능의 모델을 제안했다. 가드너 교수에 의하면 인간의 지능은 7 가지 지능으로 나뉜다(그림 1); 음악 지능, 시공간 지능, 언어 지능, 수학 및 논리 지능, 신체 운동 지능, 대인 관계 지능, 및 자기인식 지능이다.

이를 반영하여서 최근에 개발된 IQ 테스트는 '전영역 지능 검사 (Full Scale Intelligence Quality)'이다. 이는 네 가지 영역으로 나뉜다. 첫째, 어휘력, 정보 분석력, 문장 이해력 등을 측정하는 언어 능력, 둘째, 단기 기억력, 패턴 분석력, 등을 측정하는 작업 기억 능력, 셋째, 사물 인식력, 추론 능력 등을 측정하는 인식 구성 능력, 넷째 암호 생성 및 해독 능력 등 구성된다(그림 1).

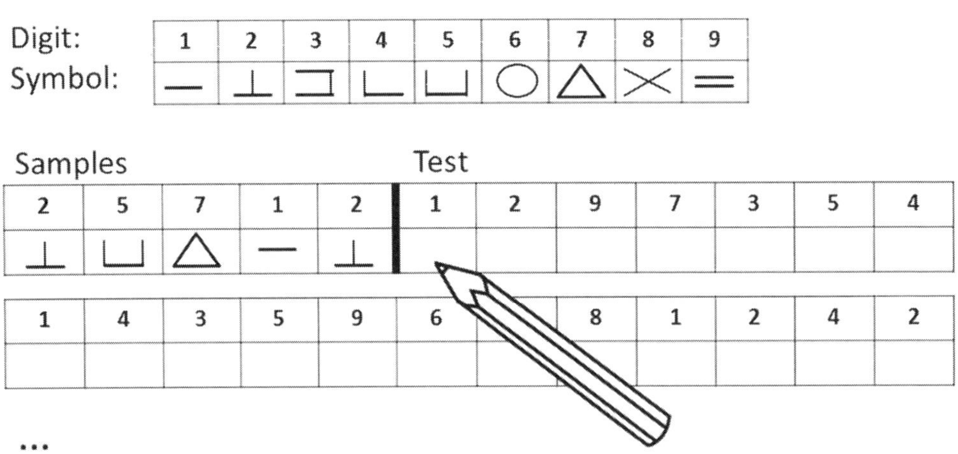

[그림 1] 숫자-암호 해독 능력 시험 문제의 예시

2-1 음악적 지능

음악적 지능은 소리, 리듬, 음색 및 전체적인 음악에 대한 감수성과 관련이 높다. 높은 음악적 지능을 가진 사람들은 높은 수준의 음감을 가지고 있으며 특히 절대 음감을 갖고 있는 경우가 많다. 따라서 노래, 악기 연주 및 음악 작곡에서 탁월성과 수월성을 겸비한 사람들이 많다.

2-2 시각-공간적 지능

시각 공간적 지능은 시각 및 공간적 판단, 상상력과 인식에서 창출된 개념을 사물과 공간으로 시각화하는 능력을 말한다. 이러한 능력은 그림, 조각, 설치미술, 비디오아트를 창출하는 시각예술가, 그리고 건축과 도시를 설계하는 건축가에서 탁월하게 발현된다.

2-3 언어 지능

언어 지능이 높은 사람들은 사용하는 단어의 수와 언어의 구사력에서 탁월한 능력은 나타낸다. 이들은 일반적으로 읽고, 쓰고, 일반인에 비해서 훨씬 많은 수의 어휘를 사용하며 이야기를 만드는 데에서도 뛰어난 능력을 갖는다. 언어 능력은 IQ 테스트에서 가장 많이 측정되는 능력 중 하나이다.

2-4 수학-논리

이 영역의 지능은 논리, 추상화, 추론, 숫자 및 분석적 사고와 관련이 있습니다. 논리적 추론 능력은 두 가지로 나뉜다. 하나는 새로운 개념을 이해하고 습득하여 문제를 해결하는 능력으로 유동형 지능 (fluid intelligence)이라고 부른다. 다른 하나는 기존의 개념을 적용하여 확장된 개념을 이해하고 사용할 수 있는 크리스털 지능 (crystal intelligence)이다.

2-5 신체-운동 지능

신체 운동 지능의 핵심 요소는 신체의 움직임과 사물을 능숙하게 처리 할 수있는 능력이다. 가드너 교수는 이들을 조절하고 결정하는 핵심적인 요소에 타이밍 감각, 신체 행동 목표에 대한 명확한 감각 및 반응 훈련 능력 등을 포함시켰다. 이 역역의 지능이 높은 사람들은 일반적으로 스포츠, 춤, 연기 및 물건 만들기와 같은 신체 활동에 능란하며, 운동선수, 무용수, 음악가, 배우, 건축업자, 경찰관 및 군인 등이 여기에 속한다.

2-6 대인 관계 지능

대인 관계 지능이 높은 사람은 다른 사람의 기분, 감정, 기질, 동기 및 그룹의 일원으로 일하기 위해 협력 할 수 있는 능력에 대한 감수 능력이다. 대인 관계 지능이이 영역은 내성적이고 자기 반사적 인 능력과 관련이 있습니다. 이것은 자기에 대한 깊은 이해를 의미합니다. 자신의 강점 또는 약점, 고유 한 점, 자신의 반응 또는 감정을 예측할 수 있습니다. 대인관계 지능이 높을수록 사람들은 다른 사람들과 의사소통을 효과적으로 할 뿐만 아니라 협업을 통하여 수행하는 업무에서도 뛰어난 성과를 나타낸다. 대인 관계 지능이 높은 사람들에게 적합한 직업에는 영업 사원, 정치인, 관리자, 교사, 강사, 상담 교사 및 사회 복지사가 포함된다.

2-7 자기인식 감성 지능

자기인식 지능은 자신에 대한 성찰과 이해를 통해서 자신의 개성과 능력을 파악하고 자신의 감정 상태를 예측하는 능력이다. 이는 자신의 존재 가치를 인식하는 지능과도 상통한다.

3. 지능이 높은 사람들의 특징

지능이 높은 사람들이 갖고 있는 공통적으로 가지고 있는 행동은 어떤 것들이 있을까? 2016년 영국 심리학 학술지에 게재된 논문 한편은 지능이 높은 사람들이 가지고 있는 7가지 행동적 특성을 소개하였다. 7가지 행동적 특성에서 가장 두드러진 사실은 공감 능력이 뛰어나다는 점이다.

3-1 공감 능력

감성지능과 지능지수 사이에 상관관계가 매우 높다. 감성지수가 높을수록 공감능력이 높게 나타나는 한편, 이들의 언어의 이해력과 구사력도 비례적으로 높게 나타난다. 인간의 지능은 진화 과정을 통해서 생존과 생식을 통해서 자신이 생존할 수 있는 방법을 고안하는 한편 배우자를 찾고 가족을 형성하여 후손을 양육하는 과정에서 개발되는 것으로 여겨진다. 타인과 공감 능력은 가족의 구성원에서부터 사회를 구성하는 사람들과 공감하는 능력은 인간의 생존과 생식에 절대적으로 필요한 요인이기 때문에 지능이 높을수록 공감 능력이 높은 것으로 해석된다.

3-2 호기심

똑똑한 사람들은 끊임없이 질문을 하는데 매우 열정적이다. 호기심은 자신을 비롯하여 주변의 사람과 환경에 대하여 알고자하는 자세에서 비롯된다. 알고자 하는 대상이나 환경이나 문제에 대해서 몰두하고 생각하여 이해하는 능력을 불러일으키는 원동력이 된다.

3-3 관찰력

대부분의 사람들이 일상생활이나 대화에서 자신을 증명하는데 상당한 시간을 소비한다. 고도의 지능을 가진 사람들은 이와는 반대로 주변 사람들을 조용히 관찰한다. 이러한 관찰을 통해서 일반 사람들이 볼 수 없는 새로운 양상들을 파악한다.

3-4 자제력

지능이 높은 사람일수록 감정과 충동을 조절하는 능력이 뛰어나다. 이러한 특징들은 이들은 말하거나 행동하기 전에 생각을 정리하는 행동적 특성에 잘 나타난다. 따라서 이들은 일상생활에 경험하는 불편 사항이나 환경을 불평하거나 짜증을 내는 대신에 문제를 해결할 수 있는 방안을 모색하는 경향이 뚜렷하다. 인간에서 자제력은 전전두엽의 피질에서 작동된다. 퇴행성 뇌질환의 하나인 치매 환자의 행동적 특성 중에 하나는 자제력이 저하되는 점이다.

3-5 작업 기억력

작업 기억과 일반 지능은 서로 밀접한 관련이 있다. 작업 기억력이 좋을수록 실행 숙련도, 단기 기억력, 집중력 및 인지 유연성에서 매우 높은 수행 능력을 나타낸다. 작업 기억을 작동하는데 중요한 뇌의 부위는 해마(hippocampus)이다. 따라서 해마의 건강한 상태를 유지하는 생활습관을 파악하고 실행하는 일은 우리가 스마트하게 살아가는데 무엇보다도 중요하다고 하겠다.

3-6 능력의 한계 파악력

똑똑한 사람들은 모든 것을 아는 것처럼 행동하지 않는다. 대신에 모르거나 할 수 없는 일을 먼저 파악하고 나서, 학습과 연습을 통해서 자신이 숙련되게 일을 할 수 있는 상태로 만든다. 이는 우리가 모르는 것 또는 할 수 없는 것들을 파악하는 능력이 배우고 문제 해결을 할 수 있는 첫 단계임을 말한다.

3-7 융통성

지능이 높은 사람일수록 매사를 다루는데 있어서 융통성이 있으며 순리를 따라가는 경향이 강하다. 문제를 해결하거나 일을 수행하는 방법을 찾고 구사하는데서 유연하고 열린 자세를 갖는다. 이는 결과적으로 문제를 신속하게 발굴하고 효과적으로 해결할 수 있는 방법을 찾는 결과를 가져온다.

Chapter 06

창의적인 뇌

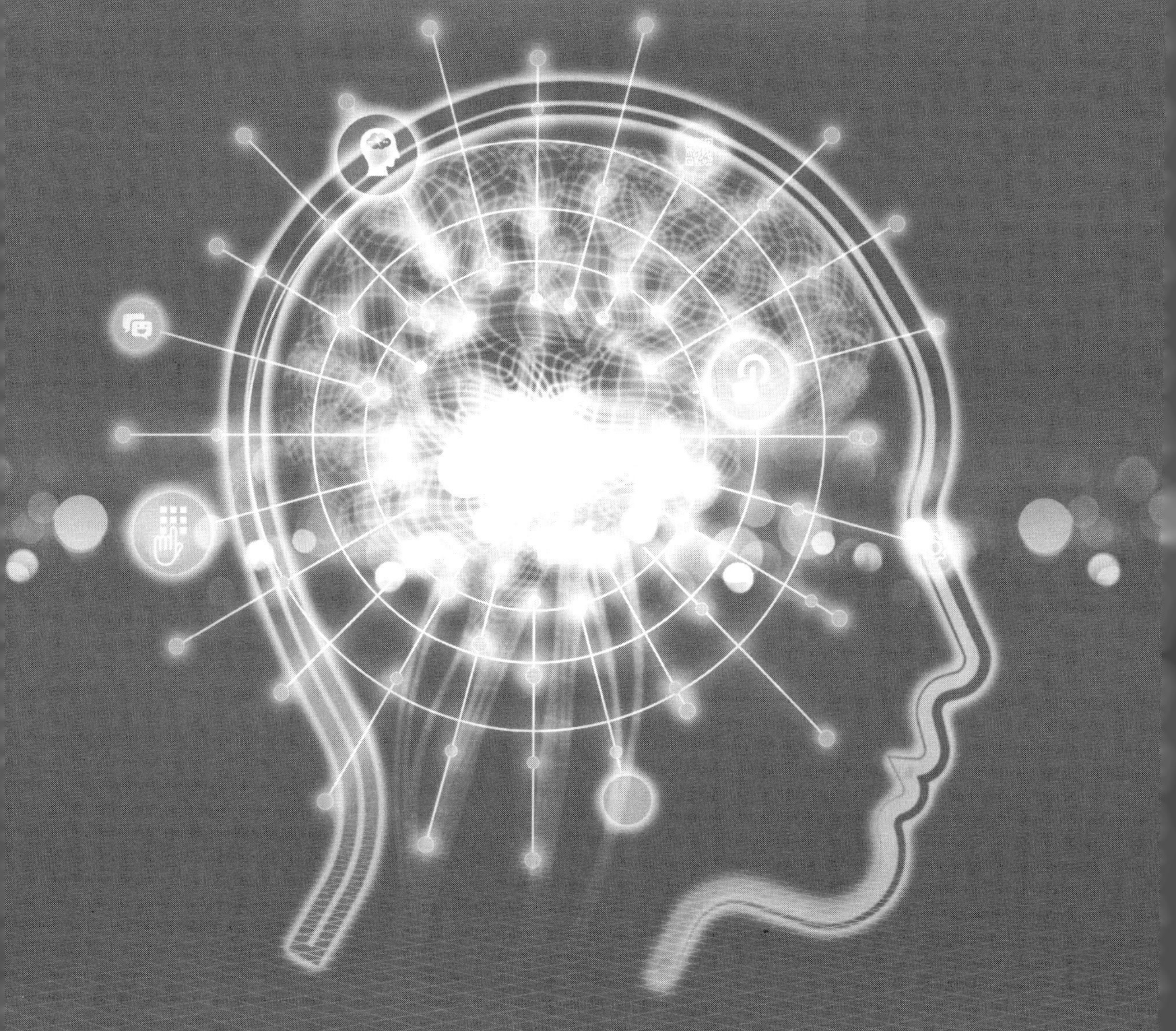

Chapter 06 자기계발 뇌과학

창의적인 뇌

창의력이 뛰어난 사람들의 두뇌는 보통 사람들의 것과 다르게 형성되어 있을까? 우리는 좌뇌가 논리적이고 분석적인 사고를 담당하고 우뇌가 창의적이고 혁신적인 사고를 담당하는 것으로 알고 있다. 그러나 실제로는 뇌가 좌뇌와 우뇌로 나뉘어져서 기능적으로도 단순한 이분법적인 방식으로 작동하지 않는다는 것도 잘 알려져 있다. 여러 영역으로 나뉘어 각기 다른 기능을 수행하는 우리의 두뇌는 이러한 영역들 간에 소통이 원활하게 이루어질수록 창의력과 생각하는 힘이 좋아지는 것으로 보고되고 있다. 본 장은 창의력과 관련되는 것으로 보고되고 있는 뇌의 영역을 우선적으로 파악하고 창의력과 연관되는 뇌의 기능은 어떤 것들이 있는지 예시를 통해서 구체적으로 이해하고자한다. 끝으로 창의력을 증가시키는 방법으로써 이제까지 가장 공통적으로 제안이 많이 된 방법을 소개하고자 한다.

1. 창의력을 지배하는 뇌의 영역

지난 20년 동안 이루어진 기능자기공명영상 (fMRI) 기술의 비약적인 발전으로 과학자들은 뇌 활동에 대한 놀라울 정도의 정보를 얻을 수 있었다. 시와 작문에서부터 그림을 그리기와 같은 창의적이고 예술적 작업을 할 때 관련되어 활성화되는 두뇌의 부위를 찾아내었다. 이러한 연구 결과에서 특이한 점은 어떠한 특정한 뇌의 부분이 활성화되는 현상을 찾지 못한 것이다. 오히려 새로운 것을 생각하거나 그리는 행위와 동반되어 활성화되는 두뇌의 부위는 평소에는 작동하지 않는 독특하고 광범위한 영역들이 조성되는 것으로 나타났다. 연구의 한 형태를 예로 들어보자. 이 연구팀은 163명을 연구 대상을 fMRI로 분석하였다. 이 테스트에는 일상적인 물건을 보여 주고 가장 창의적으로 사용하는 방안을 12초 동안 생각하도록 하였다.

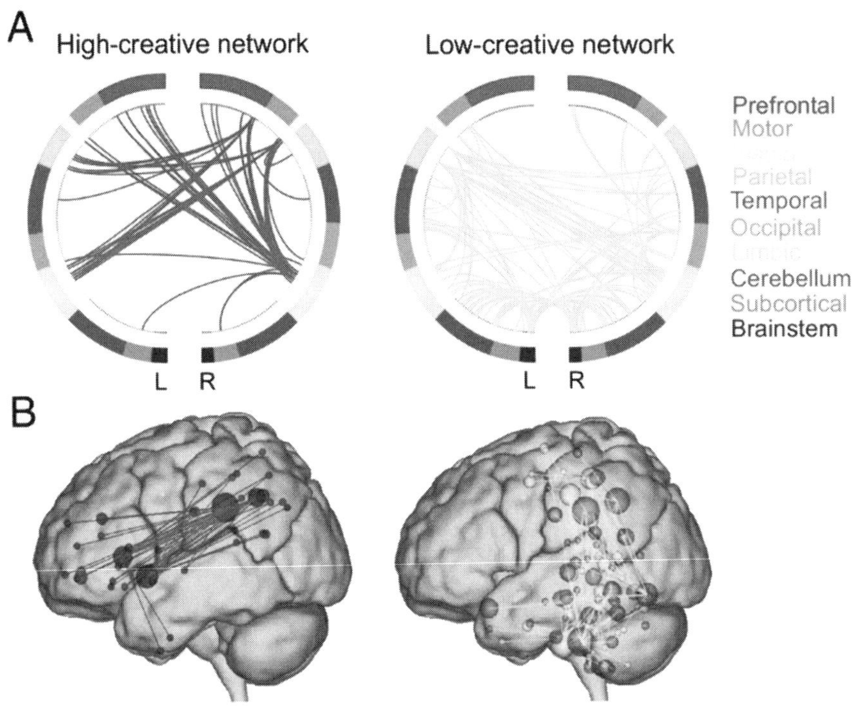

[그림 1] 창의성이 높은 뇌(왼편) 및 낮은 뇌(오른편)의 네트워크. (A) 원형 도표 ; 원형 그림 내의 색상은 뇌의 엽에 해당한다. (B) 두뇌 공간; 활성화된 네트워크. L, 좌뇌; R, 우뇌. (출처: Beaty RE, Kenett YN, Christensen AP. Robust prediction of individual creative ability from brain functional connectivity. 2018. Proc Natl Acad Sci USA 115(5):1087-1092) PNAS USA 115(5):1087-1092)

이 연구를 주도한 로저 박사 연구팀은 '창의력'을 '새롭고 유용한 아이디어를 도출 할 수 있는 능력'으로 정의하였다. 예를 들어, 양말에 대한 일반적인 생각은 발을 따뜻하게 할 수 있는 물건이다. 반면에 창의력이 높은 참신한 답은 양말을 물 여과 시스템으로 사용하는 것이다. 아무튼 163명의 참가자들이 일반적인 물건을 보고 12초 동안 창의적인 답을 도출하도록 노력하는 동안 기록한 fMRI의 결과를 분석한 결과를 다음과 같이 요약할 수 있다. 세 가지 다른 뇌 네트워크가 창의적 사고의 핵심이라는 것을 발견했다. 첫째, 브레인스토밍 및 백일몽과 같은 일을 담당하는 기본 네트워크이다. 둘째, 집중할 때 활성화되는 고등 경영 제어 네트워크이다. 셋째, 기본 네트워크와 고등경영 제어 네트워크 간에 전환을 도모하고 환경적인 자극을 알아내는 감지 네트워크이다. 또한 창의력에서 가장 중요한 요건은 이들 세 가지 네트워크들이 동시에 작동하는 공시성(synchrony)으로 해석되었다. 다시 풀어서 얘기하자면, 유연하고 더 창의적인 생각을 도출해내는 사람들은 일반적으로 함께 작동하지 않는 이러한 네트워크들 동시에 작동시킬 수 있는 것이다. 연구팀들은 더 나아가서 다른 뇌 네트워크 간의 연결 강도를 기반으로 사람의 사고가 얼마나 창의적일지를 예측할 수 있는 실험 모델을 개발하였다. 연구의 결과를 분석한 결과, 네트워크들 사이가 강력하게 연결이 될수록 작업의 창의성이 증가하였다. 이들이 조사해야 할 다음 연구 과제는 이러한 두뇌 네트워크가 수정 또는 개선 될 수 있는 가능성에 관한 질문이다; 뇌 훈련 또는 특정 수업이 뇌 네트워크 연결을 향상시킬 수 있을까? 그리고 이러한 네트워크 사이의 연결이 "성장"될 수 있다면 사람의 일반적인 창의적 사고 능력을 향상시킬 수 있을까?

2. 문제 해결 능력의 뇌 영역

우리가 어느 순간에 독창적이고 효과적인 방법으로 골똘했던 문제를 해결할 때 경험하는 현상을 "유레카(eureka)"효과라고 부른다. 섬광같이 번득이는 통찰력을 얻는 순간은 골똘했던 문제를 잠시 잊은 채 제쳐두고 난 후에 일어난다. 이는 문제와 관련되는 영역과 무의식적이면서 새로운 연관성을 촉진시킴으로써 새롭고도 효과적인 해결 방안을 가져온다. 이러한 효과와 관련된 뇌의 부위에 대한 최근의 연구 보고가 있다.

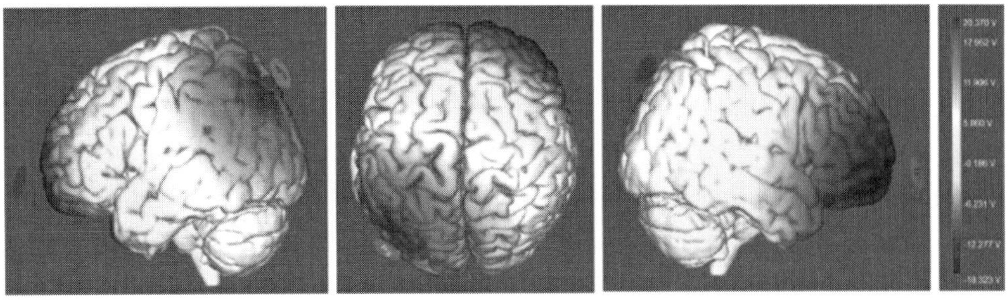

[그림 2] 문제 해결에 몰입한 사람의 대뇌 피질에서 관찰된 전류 밀도 (V/m) 분포도. 왼쪽: 왼쪽 반구의 시상면, 중간: 상측, 오른쪽: 오른쪽 반구의 시상면.
빨강(최고 전류 밀도), 노랑(중간 전류 밀도), 파랑(최저 전류 밀도).
(출처; Debarnot U, Schlatter S, Monteil J, Guillot A. Early stimulation of the left posterior parietal cortex promotes representation change in problem solving. 2019. Sci Rep. 9(1):16523)

좌뇌 후부 정수리 피질 (left posterior parietal cortex; LPPC)은 문제의 작업이 시작되는 초기에 활성화되고 문제 해결에 대한 통찰력을 지원하는 것으로 보인다(그림 2). 문제에 대한 고민을 시작할 때부터 활성화된 후부 정수리 피질은 문제 해결 방안을 배양 숙성하는 다음 단계에서도 계속하여 활성화되었다. 더구나 문제에 대한 초기 단계의 모색 기간이나 숙성 기간 동안 좌뇌 후부 정수리 피질을 자극하는 경우에, 문제 해결 능력이 유의미한 수준으로 향상되었다. 따라서 좌뇌 후부 정수리 피질이 문제 해결 방안을 개발하는 과정에서 초기의 모색 단계뿐만 아니라 숙성 단계에서도 중요한 역할을 하는 것으로 여겨진다.

2-1 즐거움을 추구하는 뇌

창조적인 활동을 신경과학의 측면에서 해석하면, 뇌가 익숙하지 않은 상황과 새로운 정보에 반응하는 방식이라고 할 수 있다. 개인이 가지고 있는 열린 자세를 경험으로 연결하는 것은 새로운 정보를 찾아내고자하는 열정과 동기이다. 이는 각 개인의 신경생리학적인 배경에 비롯되기 때문에 한 개인의 개성을 형성하는데도 중요한 역할을 한다. 일을 추진하는 원동력은 뇌에서 분비되는 신경전달물질인 도파민의 기능에 달려 있다는 의견이 지배적이다. 도파민은 학습과 동기 부여에 가장 핵심적인 역할을 한다. 또한 도파민은 여러 가지 중독을 형성하는 과정에도 깊이 관여하는 것으로 알려져 있다. 도파민이 하는 중요한 역할은 우리에게 욕구를 불러오는 일이다. 우리는 무언가 엄청난 대가를 지불해야하지만 그만한 가치에 해당하는 것을 누릴 수 있다는 보장이 없는 상화에서 엄청난 양의 도파민이 분비된다. 미네소타 대학의 심리학자 콜린 드영 (Colin DeYoung)에 의하면, 도파민이 방출되면 우리는 무언가에 대한 흥미를 가지는 한편 탐색에 필요한 인지 능력이 급증하게 되어 탐색하는 행동에 몰입한다. 도파민의 별칭은 '탐색 물질'이라고 해도 과언이 아니다.

일반적으로 도파민은 사고의 방식과 행동의 양식 측면에서 새로운 것들을 유연하게 탐구하고 참여하고자 하는 자세를 가져오는 심리적 가소성을 촉진한다. 이러한 심리적인 가소성으로 인해 우리는 미지의 불확실한 것들을 탐험하고 그에 상응하는 값진 결과를 찾는데서 보상을 받고자 한다. 또한 이러한 가소성은 인지 능력, 실천력, 탐험 정신을 향상시킴으로써 개인의 성장을 이끌기도 한다. 요약하자면, 경험과 학습에 대하여 열린 자세가 도파민의 분비를 촉진하여 생기는 여러 가지 심리적인 가소성이 높은 수준의 아이디어와 창의적 활동으로 연결된다.

2-2 호기심의 뇌

개방적인 사람은 인류의 진화 과정에서 생존과 생식에서 가장 중요하게 여겨지는 사회적인 평가와 지위에 민감하다. 예를 들어 이들은 성적인 만남이나 코카인과 같은 약물을 사용하는 경향이 더 높은 것으로 나타났다. 이와 같은 행동의 양식에서 사람들이 추구하는 보상의 측면에 도파민이 밀접하게 관련한다. 동시에 도파민은 수없이 많은 인지 과정에도 강력하게 관여한다. 따라서 새로운 경험에 대해서 열린 자세를 가지고 있는 사람은 원초적인 보상뿐만 아니라 새로운 정보와 세계를 접할 수 있는 가능성에 의해서도 상당히 고무된다. 이러한 이유로 인간의 경험적인 측면을 탐구하고자 하는 동기가 위대한 창조적인 업적을 낳는다. 도파민은 인지 능력을 촉진할 뿐만 아니라 창의성을 촉진하는 다른 여러 가지 신체 활동에도 관여한다. 예를 들어, 도파민은 잠을 잘 때 꾸는 꿈에도 관여한다. 우리가 잘 알고 있는 바와 같이, 몽상에 잠기거나 밤에 꿈을 꾸는 일들은 우리가 일상생활에서 경험하지 못한 심오한 세계로 빠져드는 것을 돕는다. 이와 같이 꿈을 통해서 이루어지는 잠재의식적인 활동은 이제까지 없었던 창조적인 작업을 하는데 여러 측면에서 결정적인 일을 하는 것으로 여겨진다. 실제로 영국의 생물리학자 제임스 왓슨(James Watson)과 프란시스 크릭(Francis Crick)은 DNA의 구조를 파악하기 위하여 DNA의 결정체를 X선으로 촬영하여 엄청난 양의 결과를 가지고 있었으나 결과를 해석하는데 어려움을 가지고 있었다. 그러던 중 왓슨 박사는 두 마리의 뱀이 서로 마주 보고 꼬여 있는 꿈을 꾼다. 다음 날 아침에 이와 같은 꿈을 되새기면서 DNA의 구조에 대한 영감을 받는다. 그 결과 DNA의 구조가 두 개의 가닥이 서로 결합하되 나선 구조로 꼬여 있는다는 것을 규명하였다. 새로운 경험에 열린 자세를 갖는 사람은 더 많은 도파민을 분비하여 촉진된 인지 상태가 꿈을 비롯한 여러 가지 경험을 촉발한다. 새로운 경험을 그냥 스쳐버리지 않고 집중하여 이제까지 없었던 새로운 해석, 새로운 작품 등을 창출한다.

2-3 꿈꾸는 뇌; 잠재적 억제

한 가지 흥미로운 가능성은 뇌의 오른쪽 반구로 분비된 도파민이 새로운 것에 대한 열린 자세를 촉발하고 꿈을 꾸게 하는 것이다. 꿈꾸는 일은 창조적인 통찰력을 불러와서 창조적인 일에 몰두할 수 있게 만든다. 창의성에서 또 다른 중요한 인지 과정은 '잠재적 억제(latent inhibition)'이다. 이는 뇌가 여러 차례 경험하거나 익숙한 것들을 현재의 목표나 필요한 목록에서 제외하는 과정을 가리킨다. 2003년 하버드 대학교의 심리학자 쉘리 카슨 (Shelley Carson)과 동료 연구원들은 대학교의 저명한 창의적 교수들에서 잠재적 억제가 일반적인 수준보다 7배나 적다는 것을 발견했다. 즉, 창의력이 높은 작업을 수행하는 사람일수록 얼뜬 보기에 관계가 없는 일이나 익숙해서 사소한 것들을 걸러서 버리지 못하는 것이다. 카우프만 (Kaufman)의 조사에 의하면, 잠복 억제가 적을수록 사람들은 그들이 갖는 직관에 대해 더 큰 믿음을 가지며 특히 그 직관이 실제로 옳다는 것이다. 잠재적 억제가 감소한 상태에서 사람들은 소위 '정돈되지 않은 생각(messy mind)'을 거침없이 하는데, 이는 창의력과 연계되는 것이다. 이는 우리가 일상생활에서 익숙하기 때문에 무시하거나 지워버린 엄청난 양의 다양한 정보들을 엮어서 받는 영감의 효과이기 때문일 것이다.

잠재적 억제가 창조적인 사람들을 산만하게 만드는 경우도 흔하다. 노스웨스턴 대학 다리아 자벨리나(Darya Zabelina) 박사는잠재적 억제를 불러오는 필터가 엉성해서 온갖 가지 정보를 걸러내지 못하는 사람들이 완전에 가까운 필터를 가지고 있는 사람들보다 창의력 면에서 월등하다고 보고하였다. 예를 들어서 창의성이 높은 사람들은 일반적인 사람들 보다 일상생활에서 시계 소리, 원거리 대화 등과 잡음에 더 민감하다. 이는 주변에서 입력된 잡다한 감각 정보가 여과되지 않고 유출되기 때문이다. 예를 들어 생물학자 찰스 다윈, 소설가 프루스트는 일상생활의 감각 정보에 매우 민감했다고 한다. 프루스트는 빛에 민감해서 침실에 두꺼운 커튼을 쳐서 원치 않는 빛과 소음을 걸러내는 것도 부족해서 귀마개를 착용했다. 잠재적 억제가 사람들을 산만하게 만들기도 하지만 창의적 사고에 는 분명히 도움이 되는 것으로 여겨진다. 잠재적 억제 기능이 엉성하기 때문에 생기는 감각정보 과민증은 뇌의 관심 범위를 넓혀서 환경에서 입력되는 다양한 정보로부터 이제까지 없었던 조합의 미묘함을 찾도록 돕는다. 다시 말해서 더 많은 양의 정보를 취합함으로써 관련이 없어 보이는 정보들 간에 새롭고 독특한 연관성을 창출해내는 확률을 높인다.

2-4 몰입하는 뇌

몰입(flow)은 의식이 온전한 상태에서 어떤 일에 흠뻑 빠져있는 정신 상태를 일컫는다. 몰입의 상태에 있을 때, 사람들은 외부의 산만한 간섭을 의식하지 못한 채 완전하게 열린 자세로 작업 중인 대상과 일치된 상태에 있게 된다. 예를 들어 극작가가 밤새도록 새로운 장면을 고안해내는 동안 해가 뜨고 있다는 사실을 깨닫지 못한다거나, 영화 제작자가 일차적으로 찍은 영상을 컴퓨터로 편집 작업에 사용한 몇 시간을 의식하지 못하는 것이다. 호주 멜버른 대학 넬슨과 러링스 박사는 음악, 미술, 연극 그리고 문학 분야의 예술가 100명을 대상으로 창의성과 몰입의 상관관계를 조사하였다. 이들은 창조적인 작업을 하는 동안 몰두의 경지가 심화되는 것을 경험한다는 것을 발견하였다. 몰입 상태는 예술가들의 창조적인 작업에 가장 핵심적이라고 할 수 있다. 재억제의 감소로 인해서 전달된 감각 정보들이 부적합한 것으로 걸러지지 않기 때문에 정형화되지 않은 순간적인 경험을 야기할 수도 있다고 제안하였다.

2-5 개방적인 뇌

경험에 대한 열린 자세는 직접 참여하여 탐구하는 행동과 밀접한 관계가 있지만 실제로는 더욱 복잡하고 다각적인 측면을 가지고 있다. 이러한 자세는 수학, 과학 및 기술의 복잡한 문제 해결에 대한 깊은 관심에서부터, 끊임없이 배우고자하는 욕구, 근원적인 질문, 삶에 대한 심오한 의미, 음악과 예술에 대한 탐미적인 반응에 이르기 까지 여러 가지 형태로 나타난다. 경험에 대한 열린 자세를 결정하는데 중요한 요인이 있다. 첫째, 지적인 능력이다. 이는 진리에 대한 탐구, 문제 해결에 대한 열정, 그리고 새로운 생각에 대한 적극적인 추구를 통해서 이루어지는 특징이 있다. 둘째, 정서적 능력이다. 이는 인간의 전반적인 감성을 탐구하는 것이어서 직관력, 감수성, 공감능력, 그리고 열정 등과 연계되어 있다. 셋째, 심미적 능력이다. 이러한 작업은 상상과 예술을 탐구하며 미적 대상에 정서적으로 몰입하는 특징이 있다. 놀라운 사실은 열린 자세를 결정하는데 중요한 역할을 하는 지적인 능력, 정서적인 능력, 그리고 심미적 능력이 참여가 창의성을 결정하는 요인이 된다는 것이다. 경험에 대한 개방성은 IQ, 다양한 사고 및 기타 성격 특성과 같이 전통적으로 창의성과 관련된 다른 요인보다 총 창의적 성취와 더 높은 상관이 있다. 이러한 연구 결과는 다양한 형태로 탐험의 원동력이 창조적 성취를 예측하는 가장 중요한 개인적 요인 일 수 있음을 시사한다. 실제로, 경험에 대한 열린 자세는 전통적으로 창의력을 결정하는 요인으로 간주되어 왔던 IQ, 다양하게 생각하는 능력이나 여러 가지 다른 개성적인 특징들보다도 창의적인 능력과 가장 높은 연관성을 나타낸다. 요약하자면, 여러 가지 형태로 나타나는 탐구욕이 창의적인 능력을 예견할 수 있는 개인적인 요소 중에서 가장 중요한 것으로 여겨진다.

2-6 천재성과 뇌

천재성과 광기의 관련에 관한 연구는 신경과학에서 대단히 오랫동안 연구되어 왔다. 이와 관련된 연구에서 도파민의 분비가 잠재적 억제와 창의성뿐만 아니라 정신질환과도 밀접하다는 것으로 보고하였다. 결론부터 말하자면, 정신질환이 창의성을 위한 필요조건도 충분조건도 아니다. 그럼에도 불구하고 정신질환과 창의성이 갖고 있는 연관성을 배제할 수가 없다. 예를 들어 새로운 경험이나 세상에 대해서 열린 마음이 지나친 경우, 사람들은 비현실적인 상상에 몰두하는 경우가 많다. 실제로, 천재적인 사람들과 정신질환을 갖는 사람들에서 도파민 수용체가 분포하는 특정한 영역에서 상당한 차이가 있다.

2010년 스톡홀름의 카롤린스카 연구소 (Karoolinska Institute)의 신경 과학자 프레드릭 울렌 (Fredrik Ullén) 연구팀은 건강하고 창의성이 뛰어난 성인의 도파민 시스템이 조현병 환자의 뇌에서 발견되는 양상과 유사하다는 것을 발견했다. 감각정보의 접수와 운동 기능과 관련된 뇌 영역인 시상에서 D2 도파민 수용체의 밀도가 이 두 그룹에서 낮게 분포하였다. 창의적 사고력과 정신병리학 사이에 모종의 연관성이 있을 수 있다는 것으로 해석될 수 있을 것이다. 앞에서 논의했던 잠재적 억제와 시상에서 낮게 분포하는 D2 도파민 수용체가 어떻게 관련될까? D2 도파민 수용체의 수가 시상에 적게 분포하는 경우 시상에 입력된 감각정보를 여과하는 잠재적 억제가 엉성하게 작동하여 상당량의 감각정보가 전달될 수도 있을 것이다. 건강한 사람의 경우 이러한 감각정보의 흐름은 창의적 사고를 촉진시킬 수도 있을 것이다. 정형화된 생활에서 창의적인 생각하기 어려운 이유도 여기에 있을 것이다. 과도한 도파민은 감정, 감각 및 환상을 유발하여 작업 기억, 비판적 사고 및 성찰과 같이 창의성에 중요한 기능을 실질적으로 방해한다. 그러나 도파민이 너무 적은 경우 동기부여와 영감이 줄어들 수 있다.

3. 창의성 촉진 방법

21세기 들어서 화두는 제4산업혁명이다. 21세기를 살아가는 우리는 인류의 역사가 시작된 이래 최장의 수명을 누린다. 동시에 유례없이 급격하게 발전한 정보 기술과 인공 지능으로 인하여 사회를 움직이는 시스템에서 일어나는 변혁은 따라잡기 어려울 정도이다. 특히 인공 지능이 대체할 수 있는 직업의 종류와 수는 기하급수적으로 급증할 것이다. 따라서 21세기의 인류는 자연적으로 발생하는 진화 과정뿐만 아니라 인류가 앞으로 누릴 수 있는 기술적인 동력이 인류의 진화 과정을 가속화하여 새로운 인류를 창출할 수 있을 것으로 미래학자들은 예견하고 있다. 따라서 이제까지 중요하게 여겨졌던 전문적인 지식이나 능력보다 더 중요한 능력이 필요한 시대가 다가오고 있다. 그것은 사람에 따라 각기 다른 형태와 수준으로 발휘되는 창의력이다.

창조적이라는 것은 무엇을 뜻할까? 많은 사람들이 창조력을 지능과 동일하게 여기는 실수를 범한다. 인류의 역사를 살펴보면 과학과 예술 분야에서 인류가 성취해온 여러 가지 업적들이 지능적 탁월성으로 인해서 이루어진 것들이 많이 있다. 반면에 천재적인 사람들도 끊임없이 정신을 단련하여 통찰력을 개발하고 발휘하다는 것을 우리는 잘 알고 있다. 우리는 어떻게 마음을 가꾸어서 훌륭한 창의력을 개발할 수 있을까? 우리도 올바른 창의적 사고 기법을 연습하여 창의력을 향상시킬 수 있다고 전문가들은 주장한다. 이러한 훈련을 통해서 우리의 두뇌가 익숙하고 편안한 영역을 벗어나 다른 방식과 패턴을 동원할 수 있는 창의적인 생각을 할 수 있다. 창의적인 사고를 증진할 수 있는 효과적인 기법들이 신경과학과 심리학 분야의 다양한 연구를 통해서 발표되었다(3). 엄청난 양의 연구 결과를 종합하여 공통적으로 제시하고 있는 7가지 기법을 알아보고자 한다.

3-1 아이디어의 연관성; 브레인스토밍

도전하는 문제 또는 생각의 대상, 어휘 및 개념을 혼합하여 기억을 최적화함으로써 창의성을 자극한다. 광고 산업에서 오랫동안 사용되어온 고전적인 방식이다. 창의적 사고 기법은 무작위적인 생각에서 떠오르는 아이디어에서 시작하여 연속적인 가지치기식의 과정을 통해서 이상적인 개념이나 방법에 도달한다.

3-2 불연속성

습관적인 것, 자세 및 사고들을 강제적으로 잘라내고 새로운 사고와 관점에서 대상 혹은 세상을 보는 연습이다. 이러한 현실 세계의 불연속성은 우리가 세상을 다르게 볼 수 있도록 도와준다. 예를 들어 승용차 대신 자전거로 출근하거나 공원에서 매일 달리기 등과 같이 평소에 하지 않던 일상 활동을 적극적으로 생활에 삽입하는 것이다.

3-3 사고력; 유사성의 확대

이 창의적 사고 기법은 막힘을 없애고 마음을 완전히 자유롭게 해주는 효과를 이용한다. 예를 들어보자. 첫 단계는 종이 가운데에 문제를 몇 줄로 쓰거나 그림을 그린다. 둘째 단계는 각 줄의 끝에 내용과 연관되는 다른 핵심 단어를 적는다. 마음이 가는대로 각 핵심 단어에서 떠올려지는 다른 아이디어를 적는다. 셋째, 각 아이디어 사이를 무작위 연결하여 여러 가지 문장이나 문단을 작성한다. 끝으로, 작성한 각 조합을 분석하여 해석해서 이야기를 만들어 본다. 예를 들어보자. 이러한 방법은 풀고자하는 문제의 간결한 내용에 초점을 맞춤으로서 시작된다. 선택된 간결한 내용과 연결이 되지 않으나 새로운 관점에서 유사성을 가진 요소들을 추출한다. 새로운 개념의 개발과 확장에 유효하게 사용되는 방법이다.

3-4 가설 뒤집기

동일한 문제에 대한 새롭고 혁신적인 접근 방식을 찾기 위한 기본적인 방법이다. 도전하는 문제에 대한 접근을 기존의 방법이나 가설을 뒤집어 전혀 반대적인 입장에서 접근한다. 인류 역사상 최초로 항생제를 개발한 생물학자 플레밍의 예를 들어보자. 1928 년 스코틀랜드의 생물학자 알렉산더 플레밍 (Alexander Fleming)은 황색 포도상 구균 배양액에서 오염된 청록색 곰팡이 주변에서 박테리아의 성장이 멈춘 것을 발견했다. 원래는 박테리아를 키워서 박테리아의 성장을 조절하는 인자를 찾으려는 실험이었다. 플레밍 박사는 박테리아의 성장을 억제하는 물질이 곰팡이로부터 방출되었을 것이라는 가설을 세웠다. 박테리아에 관한 연구를 곰팡이에 관한 연구로 바꾸는 생각의 전환이었다. 플레밍 박사는 곰팡이의 순수 배양액으로부터 분리한 농축액을 "페니실린"이라는 이름으로 약명을 정했다.

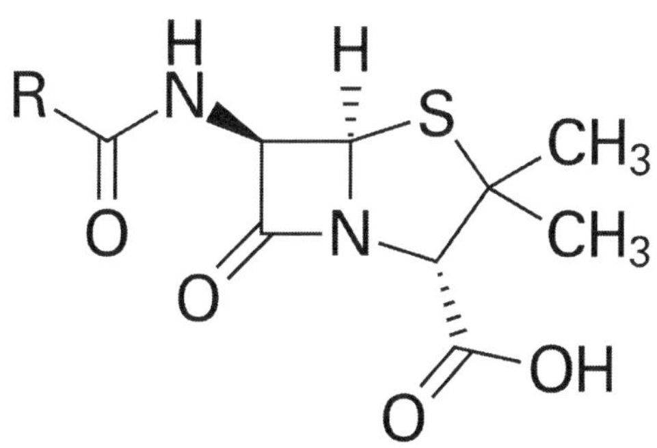

[그림 3] 항생제 페니실린의 화학 구조식
https://commons.wikimedia.org/wiki/File:Penicillin_core.svg#/media/File:Penicillin_core.svg

플레밍 박사가 기존의 가설에 집착한 나머지 곰팡이가 박테리아를 죽이는 성분을 분비한다는 가설로 뒤집지 않았다면 최초의 항생제는 다른 과학자에게로 넘어갔을 것이다.

3-5 관점의 개발

소설가 윌리암 버로우스(William S. Burroughs)는 그의 컬트 소설, 네이키드 런치(Naked Lunch)에서 컷업(cut-up)이라는 작문법을 실험하였다. 버로우스는 한 쪽에서 임의의 텍스트를 잘라내어 다시 정렬하였다. 이는 우리가 익숙해져 있는 선형적인 사고방식에 도전할 수 있는 새로운 문장을 창출하려는 그의 도전적인 시도에서 시작된 것이다. 버로우스와 같은 비트(beat) 세대 작가들은 뻔한 전통적 서술 체계를 해체하고 새로운 시각으로 세상을 바라보는 새로운 방식을 적극적으로 모색하였다. 이들은 이와 같은 지적은 탐구뿐만 아니라, 여러 장르의 예술, 음악, 전통에서 벗어나 있는 새로운 영역, 그리고 심오한 영적인 질문들을 높이 평가하였다.

[그림 4] 문장 및 단어 바꾸기(CUT-UP)에 관한 저서. 2014. 저자; 암브로(Ambrose)와 히트친(Hitchin)

이들 비트 작가들이 추구했던 비전과 새로운 방식들은 창의성에 대한 중요한 사실을 말해준다. 즉, 창의적인 생각은 새롭고 특이한 경험에서 비롯된다. 다시 말해서, 개방적이고 탐구적인 사고방식을 개발하는 일은 우리가 창조적인 일을 위해 할 수 있는 가장 좋은 방법이다. 예술가뿐만 아니라 여러 분야에서 혁신적인 작업으로 두각을 나타내는 사람들은 새로운 경험을 통해서 독창적인 작업에 쓸 수 있는 실질적인 소재를 얻는다. 경험에 대하여 열린 자세는 자신의 내면과 외부의 세계를 탐험하는 동력이기 때문에, 열린 자세가 창의적 성취를 예측하는데 사용될 수 있는 가장 강력하고 일관된 척도라고 할 수 있다. 창의력을 함양하는 여러 가지 특성 중에 경험에 대한 개방성이 가장 핵심적인 것으로 여겨진다. 새로운 경험에 대하여 열린 자세를 가진 사람들은 대체로 높은 수준의 호기심을 가지며, 상상력과 감수성이 풍부하고, 예술적이며, 사려가 깊고 지적이며, 자신의 일에서 창조적인 업적을 이룩한다. 이들은 자신의 생각, 감성, 감각 및 환상으로 가득한 자신의 세계를 탐구하는 자세를 견지하는 특성이 있다. 이 때문에 이들은 살아가는 환경에서 늘 새로운 경험과 환경을 부단히 찾고 있다.

참고 문헌

1. Beaty RE, Kenett YN, Christensen AP. Robust prediction of individual creative ability from brain functional connectivity. (2018) Proc Natl Acad Sci USA 115(5):1087-1092. doi:10.1073/pnas.1713532115.
2. Debarnot U, Schlatter S, Monteil J, Guillot A. Early stimulation of the left posterior parietal cortex promotes representation change in problem solving. (2019) Sci Rep. 9(1):16523. doi:10.1038/s41598-019-52668-7.
3.Shelley Carson. 7 Ways to Cultivate Your Creativity. (May/June 2011) Scientific American MIND.

Chapter 07

동기부여(motivation)

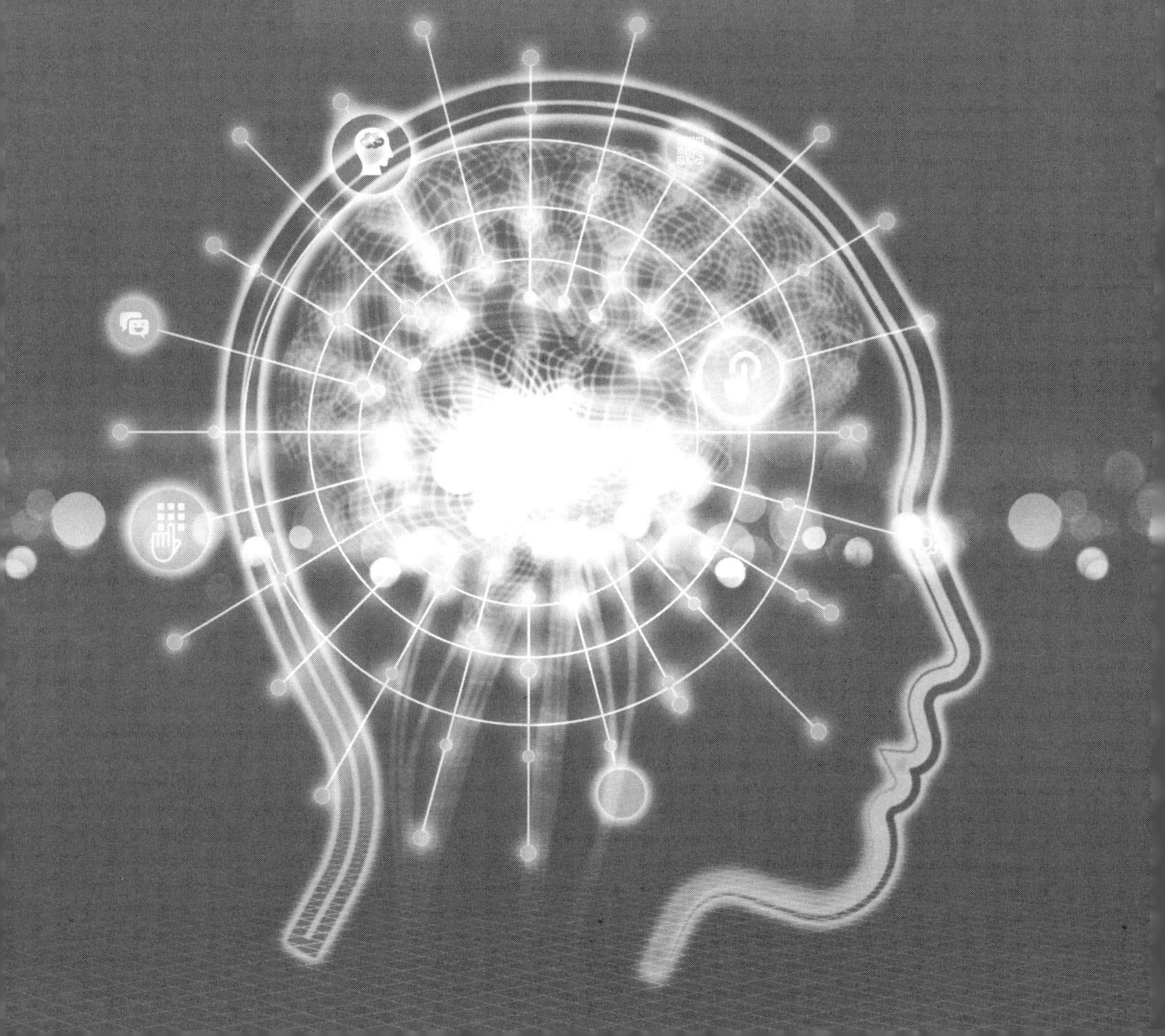

동기부여(motivation)

우리는 삶의 의미를 이야기할 때 꿈이나 소망을 언급한다. 노인도 꿈이 있으면 청년이지만 청년이 꿈이 없으면 노인이라고 말한다. 꿈이 삶의 본질이라는 얘기다. 그렇다면 꿈이란 무엇인가? 여기서 말하는 꿈은 우리가 살아가면서 이루고자 하는 그 무엇이다. 뇌 과학에서 말하는 꿈은 실제로 우리가 자는 동안 꾸는 꿈을 가리키지만, 여기서 우리가 말하는 꿈은 나의 삶을 통해서 이루고자 하는 단기적인 그리고 장기적인 목표라고 할 수 있다. 이러한 꿈을 갖게 되는 과정을 뇌 과학에서는 '동기부여(motivation)'라고 부른다.

1. 동기부여의 정의

동기부여에 필요한 기본적인 요소는 신체를 통해서 느끼는 즐거움 또는 고통과 같은 생물학적 자극들이다. 예를 들어서, 우리는 모종의 감각적 인식과 경험을 통해서 특정한 대상을 좋아하거나 싫어할 수도 있을 것이다. 동기부여는 여기서 끝나지 않는다. 인간은 주변의 대상이나 경험에 대한 개념을 형성하고 추론할 수 있는 능력이 있기 때문에 또 다른 차원의 동기부여를 가질 수 있다. 이로 인해서 인간은 자신이 추구하는 가치와 목표를 가진다. 우리는 이러한 가치와 목표를 수년부터 수십 년 간에 걸쳐 지속적인 노력으로 실현해 낸다. 경험에서 비롯된 동기 부여는 경험에서 비롯된 감정과 상당한 관계를 나타낸다. 감정은 어떠한 대상에 관하여 무의식적으로 갖는 가치와 신념에서 비롯된 산물이다. 우리가 살아가면서 경험하는 희로애락을 살펴보자. 기쁨(희)은 우리가 추구하는 어떤 것을 이룰 때 갖는 감정이다. 개인적인 목표일 수도 있으며 국가적인 목표일 수도 있다. 2002년 월드컵에서 한국이 4위를 달성했을 때 우리나라는 반만년 역사 이래 가장 커다란 기쁨을 누린 것이다. 기쁨과 반대되는 감정은 슬픔과 분노로서 우리가 개인적인 배신을 당했을 때나 사회적인 불의를 당했을 때 느끼는 감정이다. 희로애락 외에도 성취감, 자존감, 자부심, 자신감, 죄책감, 시기, 질투, 사랑 등과 같이 복잡한 과정을 통해서 형성되는 감정들이 있다. 따라서 동기 부여는 인간이 태어나서 죽을 때까지 한 사람이 생존과 생식과 생활을 통해서 이루고자 하는 모든 욕구를 총칭한다고 할 수 있다.

2. 동기부여 단계

인간이 갖는 동기 부여를 심리학자 마스로(Marslow)는 그 발달하는 순서를 기준으로 6 단계로 나누었다; 생리 생식 단계, 안전한 생활 단계, 사회적 소속 단계, 자긍심 단계, 그리고 자아실현 단계이다. 따라서 본 장은 동기부여의 형태와 특징을 6 단계로 나누어서 파악하도록 한다.

2-1 생존 및 생식

즐거움이 우리의 삶에 끼치는 여러 가지로 논의한 인물은 '소크라테스(Socrates)'다. 기원 전 450년경에 인간이 즐거움을 극대화하고 고통을 최소화하는 방식으로 행동하고자하는 동기부여를 관찰하고 이를 '쾌락주의(hedonism)'이라고 했다. 이러한 즐거움을 추구하는 대표적인 예로 '성(sex)' 행위를 꼽는다. 심리학자 마스로(Maslow)는 성적 동기부여를 욕구의 여러 과정에서 첫 단계로 여겼다(그림 1). 성 행위는 맛있는 음식이나 쾌적한 잠과 함께 인간의 생존과 생식에 절대적으로 필요한 요건이다. 성행위를 통해서 느끼는 오르가즘(orgasm)은 성행위에 따르는 고통을 지우고 즐거움을 주기 때문에 인류는 즐거움을 찾는 동기부여로써 생식 행위를 반복적으로 추구한다. 만일 생식 행위가 즐거움을 찾는 동기를 부여하지 않았다면 인류는 장구한 진화 과정을 지탱하지 못했을 것이다. 이는 즐거움을 추구하는 동기부여가 인류의 진화를 추진하는 원천적인 동력이라는 것을 잘 보여준다.

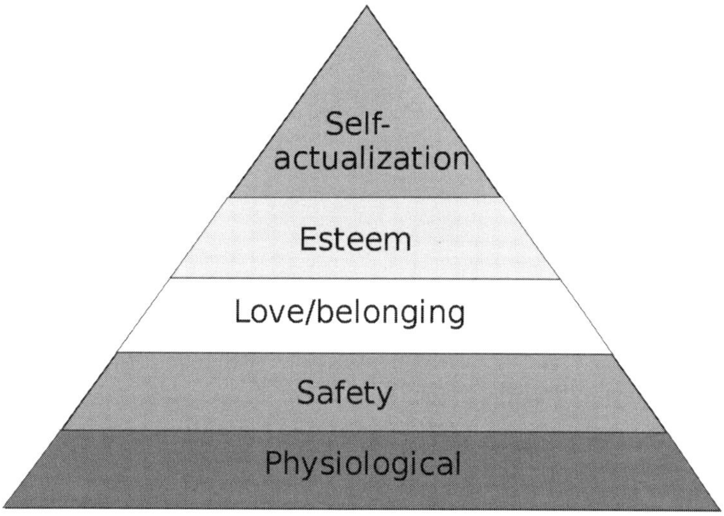

[그림 1] 마스로(Marslow)가 구분한 동기부여의 단계; 1단계-쾌락의 생식 동기 (physiological), 2단계-안전한 생존 동기(safety), 3단계-사회학적 인간관계 동기(love/belonging), 4단계-자존감 동기(esteem), 5단계-자기실현 동기 (self-actualization).
https://commons.wikimedia.org/wiki/File:MaslowsHierarchyOfNeeds.svg#/media/File:MaslowsHierarchyOfNeeds.svg

인간이 가지는 기본적인 세 가지 욕구는 성욕, 식욕, 그리고 수면욕이다. 인간의 성욕이 자손을 번식하는 생식과 관련된다면 식욕과 수면욕은 생존과 직결된다. 이는 안전한 먹거리와 편안한 잠자리를 마련하고자 2단계의 동기부여를 가져온다. 그러나 욕구의 강도와 빈도를 고려하면 수면욕과 식욕이 오히려 성욕보다 강력하다. 요즘 들어 생존 경쟁이 격심해지면서 독신 가구가 증가하는 동시에 혼인과 출생 비율이 급격하게 감소하는 현상도 이와 관련된다고 할 수 있다.

1) 1단계 동기부여 호르몬; 도파민

인간의 뇌에서 동기부여를 형성하는데 관여하는 신경망을 살펴보자. 동기부여의 형성에 관여하는 뇌의 핵심적인 부위는 기저핵(바닥핵), 중간변연계, 및 도파민 경로를 꼽는다. 우리가 좋아하는 운동을 하거나 맛있는 음식을 먹을 때 뇌에서 분비되는 신경전도물질이 도파민이다. 도파민은 그림에서 보는 바와 같이 매우 간단한 유기화합물이다 (그림 2).

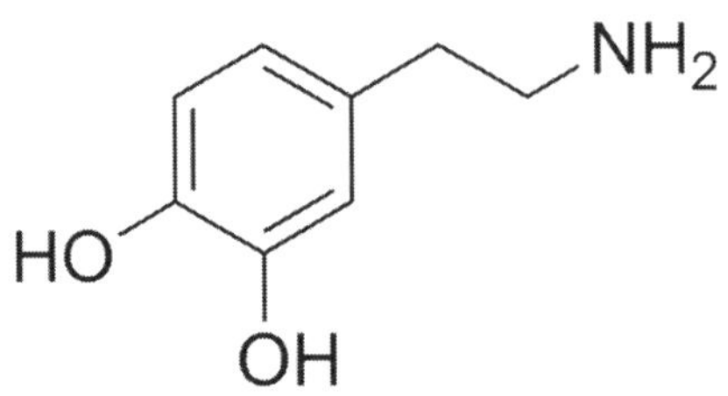

[그림 2] 도파민의 화학 구조
https://commons.wikimedia.org/wiki/File:Dopamine.svg#/media/File:Dopamine.svg

분비된 도파민은 즐거움과 만족감을 가져온다. 이렇게 즐겁고 만족스러운 경험은 다시 비슷한 행동을 촉발하는데, 이를 '보상 행동(reward behavior)'이라고 부른다[7]. 실험 결과에 의하면 이러한 보상 행동을 할 때 신경전도물질의 하나인 '도파민(dopamine)의 분비가 증가한다. 이는 도파민이 보상행동을 유발하는 것으로 해석된다. 도파민 뉴런이 표적 뉴런과 시냅스를 형성하는 신경망은 네 가지가 있다(그림 3); 첫째 대뇌 피질과 중뇌를 연결하는 중뇌-피질 신경망, 둘째 기저핵과 중뇌를 연결하는 중뇌-기저핵 신경망, 셋째 중뇌의 흑질과 기저핵의 선조체를 연결하는 흑질-선조체 신경망, 넷째 기저핵과 시상하부를 연결하는 기저핵-시상하부 신경망. 이와 같이 도파민은 뇌의 전반적인 영역에 영향을 끼치는 신경전달물질이기 때문에 이러한 영역이 담당하는 기능과 관련된 행동을 조절한다.

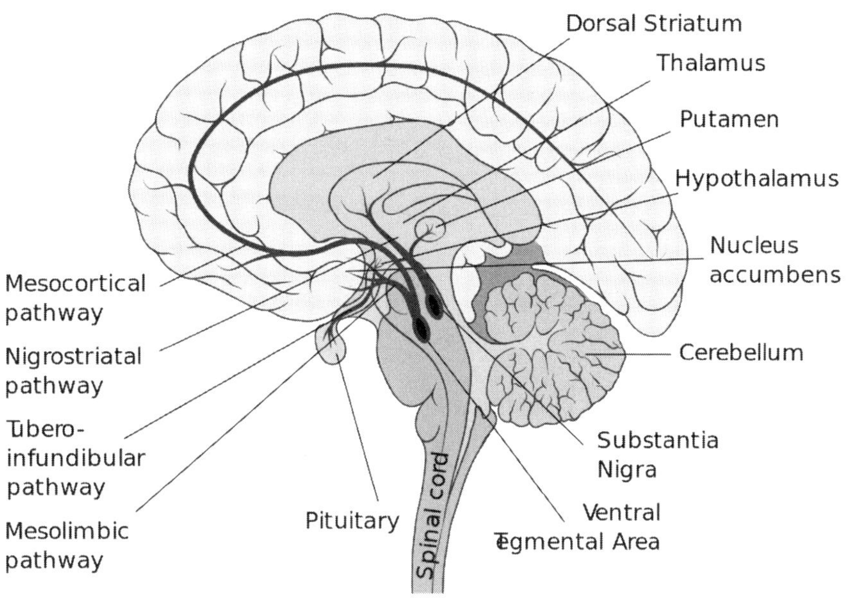

[그림 3] 4 가지 도파민 신경망(파랑)의 모식도; 흑질-선조체(nigro-striatial) 신경망, 복측 피개핵-대뇌피질(meso-cortical) 신경망, 복측 피개핵-전전두엽(meso-limbic) 신경망, 결절-누두(tubero-infundibular) 신경망. https://commons.wikimedia.org/wiki/File:Dopaminergic_pathways.svg#/media/File:Dopaminergic_pathways.svg

생쥐를 대상으로 실행한 실험에서 중뇌에 있는 이 부위에 도파민의 농도를 증가시키면 보상 행동을 보인다. 농도를 증가시킬수록 보상 행동의 횟수와 강도가 증가한다. 도파민의 농도에 비례하여 유발되는 즐거움은 중독 현상을 형성하는데도 관여한다. 예를 들어 이 부위에 중독을 유발하는 마약 성분인 아편(Opioid)을 주사하면 마찬가지의 즐거움을 촉발한다. 이렇게 유발된 즐거움은 더욱 큰 즐거움을 얻고자하는 욕구를 가져오기 때문에 한번 투여한 아편은 다시 아편의 투여에 대한 욕구를 증폭시키는 중독 현상을 형성한다[8]. 뇌의 이 부위에서 도파민을 제거하거나 도파민의 활성을 억제하더라도 보상 행동을 통해서 경험한 즐거움을 스스로 찾고자 하는 '성취 행동(consummatory behaviour)'은 사라지지 않는다. 이는 도파민이 보상행동뿐만 아니라 성취동기를 형성하는데 핵심적인 원인 물질이라는 것을 반증한다.

동기 부여는 주기를 가지고 실행된다. 생각이 행동을 유발하고 그 행동이 생각에 다시 영향을 끼치는 주기이다. 반복되는 행동이 어떠한 생각을 강화하는 것이다. 이러한 주기가 반복되는 과정을 따라서 형성되는 심리 상태에는 여러 가지가 있다. 스스로 결심한 어떤 목표에 대한 자세, 신념, 의도, 시도, 및 포기 등으로 나타난다. 이와 같이 동기부여는 자신의 내부에서 일어나는 정신적인 변화인 동시에, 목표와 관련되는 대상 혹은 활동은 사회적인 관계와 함께 생긴다.

2-2 사회적 동기부여

위에서 살펴본 바와 같이 인간이 자손을 갖게 되는 성적 행동은 반드시 동반자를 필요로 한다. 이는 1 단계의 동기부여가 사회적 인간관계를 형성하는 동기부여 단계로 넘어가는 요인이다. 인간은 성행위의 기쁨과 자손을 얻는 기쁨을 누리면서 가족이라는 집단을 형성한다. 인간은 한 집에서 이루는 가정생활을 통해서 더욱 확장된 가족 구성원 간의 관계를 형성한다. 자녀를 양육하는 과정에서 부모의 사랑과 의무를 실천하는 한편 자녀는 부모로부터 부부간의 관계와 가족 관계에 따르는 사랑과 의무를 배운다. 사회적 인간관계에 대한 동기부여는 종을 보존하는 동력이 된다. 부부가 아이를 함께 키우면 자손이 생존할 확률이 높아지면서 부모의 유전자를 다음 세대에 전달하는 확률도 높아진다. 반대로 남편이 다수의 배우자와 성생활을 즐기고 여러 명의 자녀를 갖는다고 하자. 부모가 함께 자녀를 양육할 수 있는 확률이 주는 만큼 자녀의 생존율은 감소할 것이므로 부모의 유전자가 다음 세대에 전달되는 확률이 감소할 것이다. 이러한 진화 과정의 결과를 통해서 수컷은 자신에게 집중하고 자손의 양육에 충실한 암컷을 더욱 매력적이고 사랑스러운 배우자로서 판단할 것이다. 이러한 성적 선택을 통해서 부부가 서로에게 충실하고 사랑스러운 관계를 형성하는 환경에서 생활하는 종에서 일부일처제가 종의 보존에 유리할 것이다. 이는 배우자 사이에 든든한 유대관계가 형성할 뿐만 아니라 가족을 이루는 일원 사이에 신뢰, 사랑, 기쁨, 보람, 긍지 등과 같은 사회심리학적인 가치를 형성한다. 1단계의 생식과 생존과 관련되는 동기부여가 사회적 인간관계에서 낭만적 및 도덕적 동기부여를 유발하는 단계로 발전하는 것이다[13][16][17].

진화생물학자 다윈은 성 행동에서 배우자를 선택하는 동기부여를 성적 선택(sexual selection)이라고 불렀다. 특히 다윈은 암컷이 자손을 갖기 위하여 수컷을 선택하는 과정을 강조하였다. 수컷은 일차적으로 성행위를 위한 동기부여를 추구한다. 반면에 암컷은 대부분의 경우 자신의 생존에 도움이 되는 수컷을 선택한다. 예를 들어, 암컷을 보호하기에 좋은 신체 조건을 가진 숫컷을 선택하는 것이다. 현대의 인간 사회에서 생존에 대한 영향력 관점에서 보면, 여성은 신체적인 조건보다 재정적인 조건을 더욱 중요하게 고려하여 배우자를 선택할 수도 있을 것이다. 반대로 재정적 환경을 스스로 마련한 여성의 경우에는 신체적인 조건을 우선적으로 고려할 수도 있을 것이다. 이러한 형태의 배우자 선택이 여성의 경제적 재정적 독립이 확보되는 현대 사회에서 증가 추세에 있는 것도 이러한 관점과 연관이 있을 것이다[13][18].

1) 사회성 호르몬(bonding hormone); 옥시토신(oxytocin)

사회적 인간관계를 형성하는데 중요한 역할을 하는 호르몬은 무엇일까? 답은 옥시토신이다. 옥시토신은 몇 개의 아미노산이 펩티드 결합으로 연결되어 형성된 올리고펩티드이다 (그림 4).

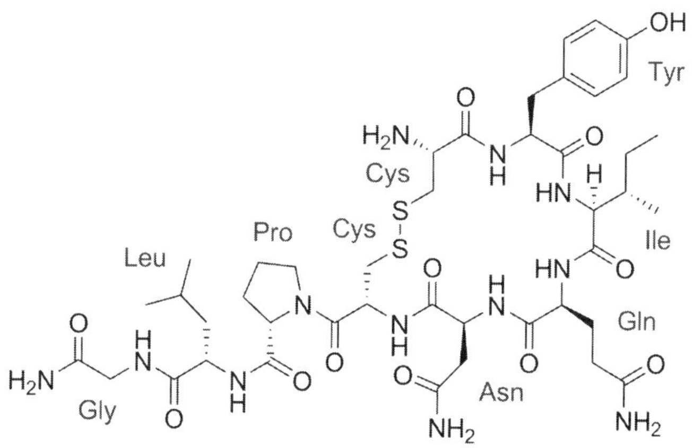

(그림 4) 옥시토신의 화학 구조; 8 개(Gly-Leu-Pro-Asn-Gln-Ile-Cys-Tyr) 아미노산으로 구성되었다.
https://commons.wikimedia.org/wiki/File:Oxytocin_with_labels.png#/media/File:Oxytocin_with_labels.png

옥시토신은 시상 하부에서 만들어져서 뇌하수체 후엽에서 혈류로 방출된다. 방출된 옥시토신은 혈류를 타고 이동하다가 옥시토신 수용체를 갖는 세포에 서 수용체와 결합하여 인간의 사회적 유대 관계, 성적 성숙, 출산, 및 유선의 발달과 같이 중요한 역할을 한다. 예를 들어보자. 임산부가 아기를 출산할 때 자궁의 확장으로 인해서 생기는 통증에서 시작한 신호가 시상하부에 전달되어 뇌하수체로부터 옥시토신의 분비를 촉진함으로써 자궁의 벽의 근육을 수축하여 분만 과정을 촉진한다. 이제 방금 태어난 아기가 엄마의 젖을 빨 때 생기는 물리적인 자극도 이와 유사한 과정을 거쳐서 옥시토신의 방출을 유도한다. 이렇게 분비된 옥시토신은 산모의 유선의 발달을 촉진할 뿐만 아니라 엄마가 갓 태어난 아기에 대하여 강한 애정과 애착을 갖도록 한다. 예를 들어 엄마는 갓 태어난 아기를 자주 살피는 동시에 조심스러운 손놀림으로 돌보거나 다정한 목소리로 말을 걸고 노래를 불러주는 행동 등이 있다. 더욱 놀라운 것은 이와 같이 사랑과 관심을 많은 받은 아기는 더 많이 옥시토신을 분비하여 엄마와 더 많은 접촉과 유대를 강화한다. 이와 같은 현상은 반드시 산모와 신생아 사이에만 일어나는 것이 아니다. 아기를 돌보는 아버지에게서도 옥시토신이 증가한다. 2014년 발표된 연구 논문에 의하면 입양한 어린 아기를 애정으로 양육하는 양부모에게서도 옥시토신의 양이 증가하였다. 이를 종합해보면 옥시토신을 인간관계에서 애착과 사회성을 형성하는 호르몬이라고 해도 과언이 아니다.

2) 충성도 형성 호르몬

2012년 보고된 연구에 따르면 옥시토신은 남성이 파트너에게 충실도를 가질수 있도록 한다. 자신의 파트너와 로맨틱한 시간과 성적인 접촉을 자주 갖는 남성은 옥시토신의 분비가 증가한다. 이 때 옥시토신은 보상행동을 강화하여 자신의 파트너와 로맨틱한 시간과 성적인 접촉을 갖기를 원하는 충실도를 높인다. 2014년 동물 연구의 결과를 발표한 논문에 따르면, 수컷에게 옥시토신을 주사하여 생리적인 옥시토신의 농도를 높이면, 이 수컷이 낯선 암컷을 찾는 대신 자신의 암컷 파트너를 찾는 행동이 증가하였다. 옥시토신은 많은 종에서 사회적 행동에 중요한 역할을 한다. 2003 년에 보고된 연구에 의하면, 사람의 경우에 5 ~ 24 분간의 전희 후에 혈중의 옥시토신의 농도가 증가하였다. 옥시토신 수용체의 돌연변이가 자폐의 병리가 되는 경우가 보고되었다. 2017년 발표된 연구에 따르면 옥시토신 처방이 자폐증 환자나 대인 관계 형성에 어려움을 겪는 사람들을 치료하는데 도움이 될 수 있는 것으로 보인다.

3) 사회성

옥시토신은 인간의 사회성과도 관련한다. 옥시토신은 비슷한 특성을 가진 사람에 대하여 긍정적인 태도를 불러오는 것으로 여겨진다. 이들은 서로에 대해서 친밀감과 소속감을 느끼는 '동일군(in-group)'으로 여긴다. 유유상종으로 불려왔던 사람들의 사회적 행동의 생물학적 원인이 옥시토신에 있다고 할 수 있겠다[63]. 옥시토신을 복용하여 혈중 농도가 높아진 사람은 외부 구성원보다 내부 구성원을 옹호하고 보호하는 행동을 나타낸다. 옥시토신은 개인의 어려움을 극복하년서 까지 어려운 환경에 처한 구성원을 돕고자하는 의도를 불러일으킨다

[65]. 실험에 참여한 사람들은 옥시토신이 높은 상태에서 외부 구성원의 제안보다 내부 구성원의 제안을 지지하는 경향성이 더욱 강화되었다. 여러 가지 연구의 결과를 종합해서 보면, 옥시토신은 개인 간의 친화력을 강화할 뿐만 아니라 사회를 구성하는 구성원 간의 결속감과 소속감을 형성한다.

4) 진화학적 의미

여성이 남성에 비해서 옥시토신에 더욱 민감하게 반응하는 것으로 나타난다. 예를 들어, 혈중의 옥시토신의 농도가 동일한 수준으로 높아진 여성과 남성의 경우에 여성은 남성보다 앞에서 예를 들었던 여러 가지 사회적인 자극에 대해 전반적으로 더 빠른 반응을 보인다. 또한 무서운 장면이나 위험한 장면에 대한 반응에서 여성의 편도는 월등하게 증가된 활동을 나타낸다. 그러나 남성의 편도는 커다란 변화를 나타내지 않는다. 이와 같이 감성을 자극하는 장면에 대하여 성별에 따른 차이가 나타나는 이유는 여성호르몬에 있다. 여성호르몬은 시상 하부에서 옥시토신의 방출을 촉발하는 반면에 남성호르몬은 옥시토신의 분비를 직접적으로 억제하기 때문이다. 이는 여성이 공감 능력에서 남성보다 뛰어난 반면, 남성은 여성보다 적대적인 상황에서 감정적인 이입을 하지 않고 대처할 수 있는 능력 면에서 여성보다 월등한 이유가 될 것이다. 이는 여성과 남성이 각각 가계의 보존과 생존을 효과적으로 수행함으로써 세대 계승을 이룬다는 점에서 진화학적 의의가 있다.

2-3 자긍심(self-esteem)

마슬로는 자긍심은 두 가지의 형태로 이루어진다고 주장했다. 하나는 타인으로부터 받는 관심, 존중, 존경, 사랑 등으로 이루어진다. 다른 하나는 자기애, 자신감, 인생관 등으로 이루어진다. 그러나 타인에 의해서 주어지는 자긍심은 자신에 대한 자긍심보다 쉽게 깨지고 사라지는 쉬운 특징이 있다. 따라서 가장 건강한 자긍심의 형태는 타인에 대한 존중으로 나타나는 것이다. 로젠버그 박사는 1965년에 최초로 자긍심 검사 문진, 로젠버그 자긍심 검사(Rosenberg Self Esteem Scale; RSES)을 개발하였다. 이는 자신에 대한 일련의 진술과 동의 수준을 표시하는 10 개 항목으로 구성된 테스트이다.

1) 로젠버그 자긍심 검사

아래의 각 항목 마다 절대 부정(0 점), 부정(1 점), 동의(2 점), 절대 동의(3 점)로 평가한다. 단 항목 3, 5, 8, 9, 10은 답의 반대 항목의 점수를 부여한다. 예를 들어 3번 항목의 답이 절대부정인 경우 절대 동의로 간주하여 3점을 부여한다. 검사 결과의 지표가 15 점 미만인 경우는 자긍심이 낮은 부류에 속하는 것으로 판단한다.

(1) 나는 가치가 있는 존재이며 적어도 다른 사람과 동일하게 소중하다.

(2) 나는 여러 가지 좋은 품성을 가지고 있다.

*(3) 나는 전반적으로 실패작이라고 생각하는 편이다.

(4) 나는 다른 사람들이 할 수 있는 만큼 잘 할 수 있다.

*(5) 나는 자랑할 것이 별로 없다고 느낀다.

(6) 나는 자신에 대해서 긍정적인 태도를 가지고 있다.

(7) 나는 대체로 나 자신에 대해서 만족한다.

*(8) 나는 나 자신을 좀 더 존중할 수 있기를 바란다.

*(9) 나는 가끔 내가 쓸모없는 존재라고 느낀다.

*(10) 나는 가끔 내가 좋은 사람이 아니라고 생각한다.

2) 건강한 자긍심의 특성

심리학자와 사회심리학자들이 이제까지 건강한 자긍심의 특성에 관한 연구 보고서를 기반으로 하여 아래와 같이 정리하였다.

(1) 자신의 가치와 원칙에 대한 신념이 강하다.

(2) 과거에 일어난 일이나 앞으로 일어날 일에 대해 지나치게 걱정하지 않는다. 과거로부터 배우고 미래를 계획하지만 현재에 강하게 산다. [16]

(3) 실패와 어려움을 두려워하지 않으며 자신이 문제를 해결할 수 있다고 믿는다. 다른 사람들의 도움이 필요할 때 적극적으로 요청한다. [16]

(4) 다른 사람과 비교하여 자신이 열등하거나 우월하다는 평가를 하지 않는다.

(5) 자신을 다른 사람과 동일하게 소중한 존재로 여긴다. 각자가 갖는 재능, 개성, 재정적 지위 등의 차이를 받아들이며 상대적으로 열등하다거나 우월하다는 의식을 갖지 않는다.

(6) 자신은 주변 사람들에게 가치가 있는 사람이라고 여긴다.

(7) 사람들을 조정하는 것을 싫어하며 다른 사람과 협동한다.

(8) 사람들 서로 다른 감정과 욕구를 갖는다는 것을 인정하고 받아들인다.

긍정적이든 부정적이든 다른 내적 감정과 드라이브를 인정하고 받아 들여 다른 사람들이 원하는 경우에만 그 드라이브를 공개합니다. [16]

(9) 다양한 활동을 즐긴다.

(10) 다른 사람의 느낌과 필요에 민감하다. 사회적인 규칙을 전반적으로 존중하며 다른 사람을 희생시켜 자신의 이익을 추구하지 않는다.

자신의 자긍심의 상태를 파악하고 목표를 정할 때 참고하면 좋은 자료이다.

2-4 자아실현

자아실현(self-actualization; self-realization)은 심리학, 철학, 그리고 신학적인 개념으로, 자신의 가능성과 잠재력을 최대한 발휘하려는 동기 나 추진력을 의미한다. 이 개념은 독일의 쿠르트 골드스타인(Kurt Goldstein)이 처음 소개했다. 이어서 칼 로저스 (Carl Rogers)는 자아실현을 사람이 일생 동안 추구하는 목적을 이루는 과정으로 설명하였다. 미국의 심리학자인 아브라함 마스로 (Abraham Maslow)가 자아실현을 동기부여의 최고 단계로 소개하였다. 동기부여의 목적을 달성을 통해서 사람은 자신이 추구하는 사람이 된다. 예를 들어서 자신의 동기부여가 예술에서 시작된 사람은 예술에 대한 교감과 창의력을 통해서 무엇을 실현함으로서 자신이 갖고자 하는 자아를 이루는 것이다.

1) 자아실현의 요소

우리가 각자가 갖고 있는 어떤 목표를 이루고자 하는 의지를 동기 부여라고 한다. 그런데 우리는 목표를 이루고자 하는 일을 시작해서 삼일도 되기 전에 그만두는 경우가 허다하다. 고사성어로 이를 두고 '작심삼일'이라고 부른다. 이러한 용어가 오래 전부터 있었던 것을 보면 이는 인간이 가지고 있는 피할 수 없는 속성의 일부일 것이다. 그런데 위에서 살펴 본 바와 같이 동기부여를 자아실현의 단계까지 발전시키는 과정은 끊임없이 장기간에 걸친 부단한 노력을 요구한다. 그렇다면 동기부여에 관한 초심을 잃지 않고 지속적으로 추진할 수 있는 원동력은 어디에 있을까? 자아실현을 성공적으로 이룬 사람들의 특징을 알아보자. 마슬로는 자아실현을 성공적으로 이룬 사람들이 가지는 공통적인 특징을 분석하였다. 이들이 공통적으로 가지는 능력 중에 하나는 주변의 현상과 사람들의 본질을 정확하게 파악하는 능력에서 특출하다는 것을 발견하였다. 이들은 자신에게 고유한 핵심적 가치와 재능을 찾아서 자신의 인생목표로 삼는데 뛰어난 역량을 보였다. 다음은 자아실현에서 뛰어난 인물의 특성에 관한 연구 결과를 기반으로 자아실현에서 중요한 12가지의 특성을 정리하였다.

(1) 현실에 대한 인식능력이 뛰어나다.

이들은 자신의 상황을 정확하게 인식하여 판단할 수 있느 능력이 뛰어나다. 다시 말해서 이들은 진실하지 않거나 정직하지 않은 것들에 매우 민감해서 사물을 '있는 그대로' 인식하고 판단하는 능력을 갖는다.

(2) 자신과 타인을 있는 그대로 받아들인다.

이들은 자신의 인간적인 장점과 결함을 모두 받아들인다. 다른 사람들의 장점과 결점도 모두 수용하기 때문에 타인에 대해서 너그럽다. 그래서 이들은 인간관계에서도 인간의 모순으로 인해 발생하는 일을 유머와 관용으로 받아들일 줄 안다.

(3) 자신의 경험과 판단을 따른다.

기존의 문화와 환경보다 자신의 경험과 판단에 따라 자신의 의견과 견해를 개발하고 피력한다.

(4) 자신에게 솔직하고 진실하다.

다른 사람들이 원하는 방식이 아니라 자신이 원하는 방식으로 매사를 자발적으로 실행한다.

(5) 자율적이다.

이들은 외부 기관이나 다른 사람들에 의존하지 않으며 자신의 실력과 판단으로 자기주도적인 자율적 생활을 즐긴다.

(6) 모든 것에 감사하는 자세를 갖는다.

이들은 일상생활에서 누리는 모든 것에 대해서 항상 감사한다. 항상 떠오른 아침 햇살도 언제나 경이로운 새로운 경험이 된다. 어린이와 같은 순수한 감수성을 유지한다.

(7) 진실하고 신뢰하는 대인관계를 맺는다.

이들이 맺는 대인관계는 깊은 신뢰와 진정성을 바탕으로 맺어진다.

(8) 혼자서 있는 시간을 생산적으로 사용한다.

이들은 다른 사람들과의 만족스러운 관계를 유지하면서도 혼자서 지내는 시간을 소중히 여기며 창조적인 작업을 하는데 사용한다.

(9) 친화력이 뛰어난 유머 감각을 갖는다.

이들은 사회생활에서 타인에게 적대적인 언급을 하는 것을 싫어하는 대신 신선한 웃음을 선사하는 탁월한 해학적 능력을 갖는다.

(10) 황홀경의 경험을 추구한다.

이들은 인생 최고의 황홀경을 경험한다. 이러한 경험을 통해서 이들은 우주와 하나가 되는 느낌을 경험한다. 이러한 경험은 평화로움, 찬란함, 아름다움, 선함, 지고함과 같은 최고의 가치로 가득하다.

(11) 소수의 진실한 친구를 갖는다.

이들은 피상적인 친구를 많이 갖는 대신에 소수의 진실한 친구를 갖는다.

(12) 지고한 인류애를 갖는다.

이들은 인류와 자연에 대한 무한한 애정을 갖는다. 따라서 인류의 안녕과 지구의 환경을 위한 활동을 주도적으로 이끌어 간다.

Chapter 08

성취(achievement)

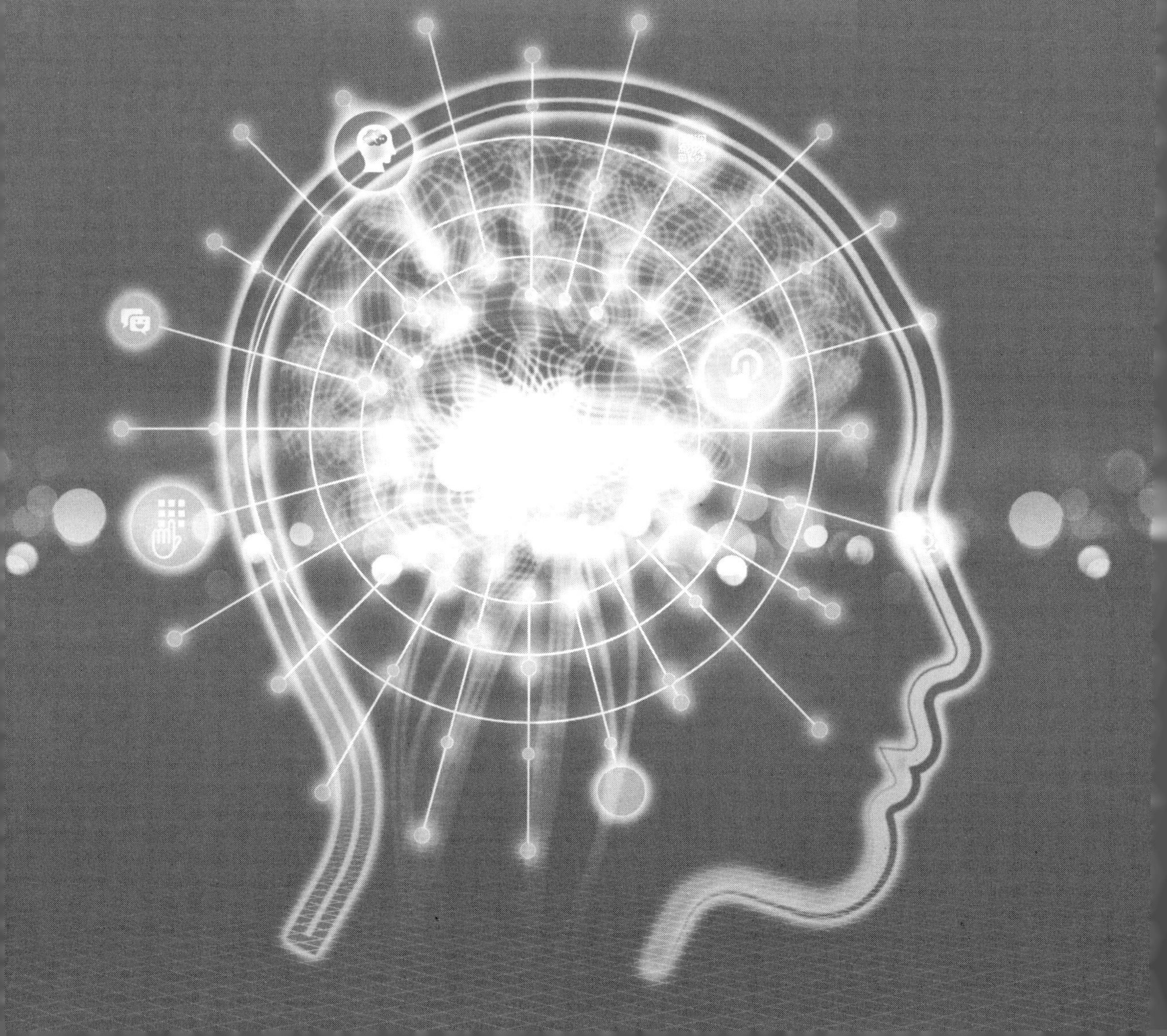

성취(achievement)

본 장은 여러 가지 형태로 이루어지는 성취를 동기부여의 관점에서 다루고자한다. 마슬로는 동기부여를 생리적 단계, 생식 단계, 사회적 단계, 자긍심 단계, 자아실현 단계로 나누어 정의하였다. 다시 말해서, 동기부여는 우리가 하고자 하는 무엇을 이룸으로써 우리가 되고자 하는 사람이 되는 과정이다. 따라서 동기부여의 각 단계의 목표를 이루는 것을 '성취'로 정의하고 논하고자 한다.

1. 성취의 특성

성취는 동기부여를 통해서 설정한 목적을 달성하는 것이다. 그러나 여기서 성취는 진화과정에서 적자 생존이라는 결과를 가져오는 철학적 의미를 갖는다. 즉 자아실현이라는 결과를 가져오는 것을 성취라고 할 수 있다. 따라서 성취는 단계적이며 지속적인 특성을 가지고 있어서 성취를 통해서 형성된 기억은 오래 남는다. 나아가서 성취의 기억은 특정한 행동양식을 강화하는 요인, 즉 강화인자로 작동한다. 다시 말해서 성취는 다음 단계의 성취를 가져오는 역할을 한다. 강화 인자로 작동하는 의미에서 성취는 중독과 유사한 특징이 있다. 그러나 성취와 중독은 전혀 반대되는 결과를 가져온다. 성취는 적자생존의 성공을 가져오지만 중독은 진화론적 실패를 가져온다. 성취의 구체적인 특징을 쉽게 살펴보기 위해서 중독의

특징과 비교하였다 (표 1)

[표1] 성취와 중독의 차이

1-1 사고 및 의지의 작동

우리는 스스로 이루고자 하는 목표에 대한 동기부여는 자신의 생각과 의지로 형성된다. 반면에 중독의 동기부여는 자신의 생각과 의지와 상관없거나 반대로 형성된다. 예를 들어, 흡연 중독자가 흡연의 여러 가지 악영향을 고려해서 흡연을 끊고자 하지만 흡연에 우선적인 동기부여를 하는 행동이다. 이 경우에 자신의 생각과 판단과 의지로 금연을 결정하고 이루는 것을 우리는 자발적 성취라고 한다. 따라서 자발적 성취는 자신의 지식과 생각과 이성으로 만든 동기부여에서 시작된다.

1-2 문제 해결 방법의 심화

우리는 이와 같이 자신의 생각과 의지로 목적을 달성할 때 커다란 기쁨과 보람을 갖는다. 또한 우리는 자신감이라는 심리적인 보상을 덤으로 얻는다. 인류는 끊임없이 생기는 새로운 문제와 역경을 극복하면서 진화하여 왔다. 그래서 우리는 같은 일을 반복해서 계속하는 경우에 그 일에 대한 흥미를 잃어버린다. 그러나 중독 상태에서 우리는 중독 행동의 결과가 우리에게 해로운 것을 예측하면서 동일한 행동을 반복적으로 하는 것이다. 성취와 중독의 차이가 극명하게 나타나는 부분이다. 우리가 하나의 성취를 달성한 후에 누리는 기쁨과 보람이라는 느낌은 도파민의 분비를 왕성하게 촉진한다. 분비되는 도파민은 보상경로를 자극하여 자신감과 집중력을 가져온다.

1-3 점진적 보상

자신의 생각과 의지로 세운 다양한 동기부여에 대한 성취는 다음 단계의 동기부여를 가져온다. 새로운 동기부여는 이전의 것과 동일하지 않을 뿐만 아니라 더 발전된 형태의 목표를 찾는다. 이는 중독에서 동일한 성질과 형태의 행동을 반복적으로 하는 것과 매우 대비되는 특징이다. 자발적 성취의 동기와 결과는 반복될수록 점진적으로 발전하고 진화한다. 이러한 이유로 우리는 자발적인 동기부여와 성취를 통해서 자기주도적인 삶을 즐기면서 자아실현의 단계에 도달한다.

1-4 현실적응력 강화

자기주도적인 성취가 점진적이며 발전적인 양식으로 우리에게 가져다주는 문제 해결 능력은 우리의 현실적응력을 강화하여 끊임없는 진화를 거듭한다. 살아가면서 겪는 수없이 많은 어려운 문제를 회피하거나 두려워하는 것이 아니다. 오히려 능동적으로 문제를 파악하고 해결할 수 있는 방법을 찾는다. 적극적이며 능동적인 생각과 자세로 새로운 지식과 정보를 취득하고 문제를 해결함으로써 성공한다. 우리는 사회 또는 국가에 좋은 영향을 끼치는 개인의 성취를 성공이라고 부른다. 이와 같이 성취는 새로운 문제의 해결을 통해서 우리의 현실적응력을 강화함으로써 드디어 우리에게 성공이라는 값진 선물을 가져온다.

1-5 성공과 행복의 고리

우리는 성공을 이어가는 사람을 성공 유전자를 가지고 있다고 부른다. 뇌과학이 규명하는 성공유전자는 성공호르몬에 있다. 우리가 성공의 순간을 만끽하는 동안 뇌는 우리에게 기쁨과 행복과 자신감을 가져오는 네 가지 호르몬을 왕성하게 내뿜는다. 도파민, 옥시토신, 세로토닌 엔도르핀이다. 그래서 우리는 이들 네 가지 호르몬을 "성공 호르몬"이라고 부른다. 이로 인해서 성공하는 사람들은 긍정적이고 에너지가 넘치는 개인 생활과 원만하고 생산적인 대인 관계를 통해서 사회적으로 맡고 있는 책임과 업무에서 지속적인 추진력과 창의력과 지도력을 발휘한다. 반대로 우리는 중독적인 행위를 끝낸 후에 느끼는 감정은 많은 후회와 자괴감이다. 자신의 육체적 정신적 건강에 해로운 줄 알면서도 계속하는 자신에 대한 자긍심과 자신감을 잃어간다. 이러한 상태에서 우리의 뇌는 여러 가지 스트레스 호르몬을 분비한다. 스트레스 호르몬은 뇌의 사고력과 판단력을 약화시키기 때문에 실패의 고리를 시작하는 출발점이다.

2. 성취와 뇌

우리가 스스로 찾은 동기부여를 성취하는 과정과 그 효과에 대해서 알아보았다. 동기부여에서 자아실현까지 이르는 과정은 단계적으로 일어난다. 각 단계의 성취는 다음 단계로 넘어가는 추진력이 된다. 이와 같이 동기부여와 성취라는 선순환의 고리는 우리의 삶의 질과 성공에 매우 중요한 틀이 된다. 그렇다면 우리는 어떻게 성공의 고리를 가질 수 있을까? 이제까지 밝혀진 뇌의 실체를 알아 보자.

2-1 도파민 (Dopamine)

우리가 목표한 바를 성취하는 순간 뇌에서 왕성하게 분비되는 물질은 도파민이다. 도파민은 중뇌에서 분비되어 바닥핵과 전두엽 피질에 있는 뉴런에 비교적 넓은 영역으로 전달된다(그림 1).

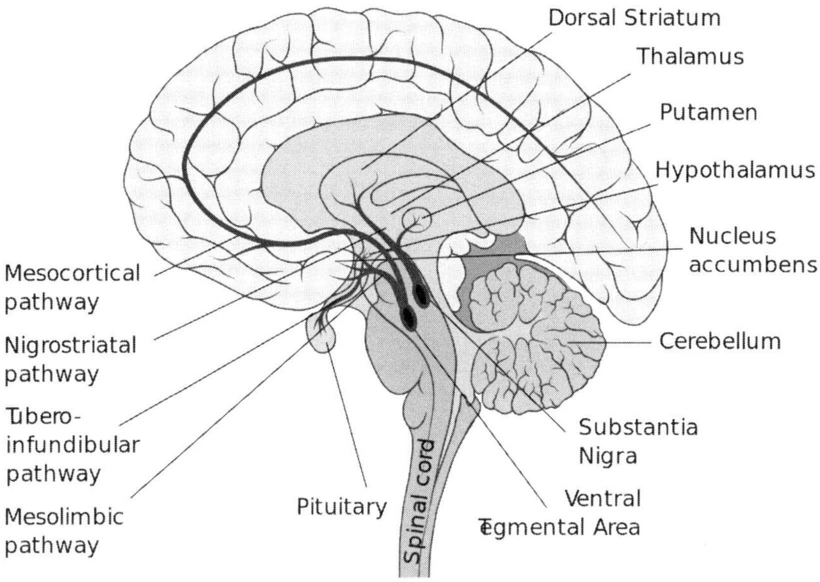

[그림 1] 도파민은 중뇌의 특정부위에서 생성되어 대뇌피질, 바닥핵, 뇌하수체의 특정 부위에 분비됨으로써 형성되는 네 가지 도파민 신경망.

도파민을 분비하는 도파민 뉴런은 네 가지 도파민 신경망을 형성한다(그림 1). 중뇌의 흑질(substantia nigra)에서 기저핵의 선조체와 조가비핵을 연결하는 망, 복측피개부(ventral tegmental area)에서 대뇌피질과 전전두엽으로 연결되는 망, 그리고 시상하부와 뇌하수체을 연결하는 망이다. 분비된 도파민은 기저핵, 대뇌피질, 전전두엽, 뇌하수체에 도달하여 이들을 구성하는 뉴런의 활성을 조절한다. 바닥핵은 단기기억과 감정을 형성할 뿐만 아니라 신체의 운동과 균형을 유지하는데 중요한 일을 한다. 전전두엽은 지식을 장기간 저장하고 종합하여 판단하는 기능을 한다. 뇌하수체는 몸의 항상성을 유지하는 여러 가지 호르몬을 방출하는 곳이다. 도파민은 표적 뉴런의 세포막에 있는 도파민 수용체와 결합하여 조직특이적인 생리학적인 효과를 일으킨다. 도파민의 분비가 높아질수록 우리의 각성 상태와 집중력을 증가시켜 작업의 효율이 높아진다. 또한 성취로 인하여 각성된 기쁨, 보람, 보상과 같은 감정들이 장기적으로 저장된다. 이 때문에 도파민은 우리로 하여금 목표 달성에 대한 보상을 추구하고 성공하기 위해 노력하는 고리를 형성하는 물질이다. 그래서 도파민을 '동기 부여 분자(motivation molecule)'이라고 부른다.

도파민은 오랜 기간 동안 노력했던 목표를 성취할 때에만 분비될까? 그렇지 않다. 우리가 농구 게임을 할 때 공을 바스켓 안에 넣은 순간 뇌는 도파민을 왕성하게 분비한다. 운동뿐만 아니다. 맛있는 빵을 먹는 일상적인 순간에도 도파민 분비된다. 도파민은 우리가 좋아하는 것에 민감하게 반응해서 그 행동을 강화하는 역할을 한다. 그래서 도파민은 우리의 삶을 좋게도 할 수도 있고 악화시킬 수도 있다. 동전의 양면과 같다. 예를 들어 건강한 식습관을 갖는 사람은 건강식을 먹을 때 마다 도파민이 분비되지만 담배를 먹는 사람은 흡연할 때 마다 도파민을 분비한다. 좋은 것과 나쁜 것을 구분하는 능력인 없는 도파민은 아주 조심스럽게 다루어야하는 불과 같다. 바르게 사용하면 즐거움과 활기가 넘치는 생활을 가져오지만 잘못 사용하면 우리를 헤어날 수 없는 중독에 빠트린다.

2-2 옥시토신 (Oxytocin)

옥시토신은 앞에서 살펴 본 바와 같이, 펩티드 호르몬이다. 옥시토신은 우리의 사회성을 증진시키는 물질이다. 옥시토신은 사회생활에서 구성원 간에 신뢰도를 높이고 공감대를 형성하는 신경전도물질이다. 앞에서도 설명한 바와 같이 갓난아기가 엄마의 젖을 먹을 때 엄마와 아이는 옥시토신을 왕성하게 분비하여 긴밀한 관계를 형성한다. 뿐만 아니라 우리가 일상생활에서 남을 돕거나 즐거운 대화와 칭찬을 주고받을 때에도 우리의 뇌는 옥시토신을 분비한다. 옥시토신은 여러 가지 자극에 반응하여 뇌하수체에서 분비되는 펩티드 호르몬이다 (그림 2).

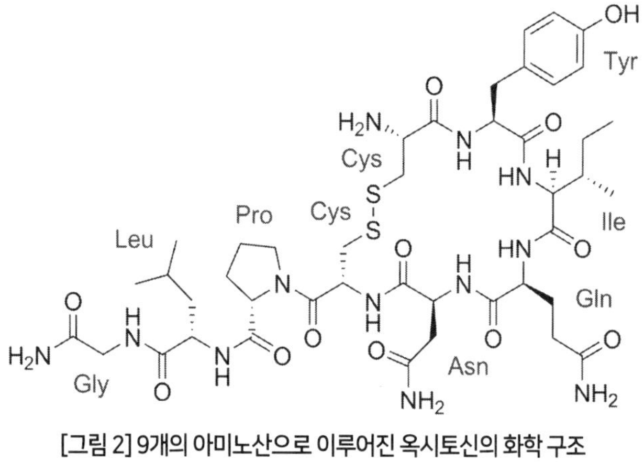

[그림 2] 9개의 아미노산으로 이루어진 옥시토신의 화학 구조

뇌하수체가 시상 하부에서 오는 신호에 반응하여 옥시토신을 뇌척수액과 혈액으로 방출한다. 분비된 옥시토신은 뇌척수와 혈류를 타고 뇌와 각종 장기에 도달한다. 분비된 옥시토신은 뉴런의 막에 있는 옥시토신 수용체와 결합하여 생리학적인 변화를 촉발한다. 옥시토신 수용체는 'G-단백질 결합 수용체'로서 세포 안으로 신호를 전달하여 2차 전령 물질의 생성을 촉진하여 세포내의 신호를 증폭시킨다. 가장 대표적인 2차 전령 물질에는 cAMP 및 Ca2+이 있다. 급격하게 증가된 cAMP 또는 Ca2+는 세포질에 있는 여러 가지 단백질의 활성화를 통하여 생리적인 변화와 유전자의 발현을 조절한다. 그 결과 옥시토신은 스트레스와 불안, 사회적 행동과 인식, 성적 행동과 공격적인 행동, 모성 행동, 애착 등과 관련되는 여러 가지 생리학적인 변화를 가져오는 것이다.

2-3 세로토닌 (Serotonin)

세로토닌은 뇌의 여러 영역의 활동을 조절하여 우리들의 자신감, 추진력, 행복감, 목표의식 등을 향상시킨다. 그래서 우리는 목표를 달성할 수 있는 강인한 정신력과 추진력을 갖도록 한다. 이러한 이유로 세로토닌을 '지도자 호르몬(leader's hormone)'이라고 부른다. 그러나 실제로 세로토닌의 신경생물학적 기능은 매우 복잡하고 다면적으로 이루어진다. 때문에 세로토닌이 조절하는 양상은 매우 다양하다. 혈관수축, 수면, 식욕과 같이 기본적인 생리작용에서부터 인지능력, 보상, 학습, 기억과 같은 뇌의 고등기능을 조절한다.

1) 세로토닌의 화학적 구조와 생성

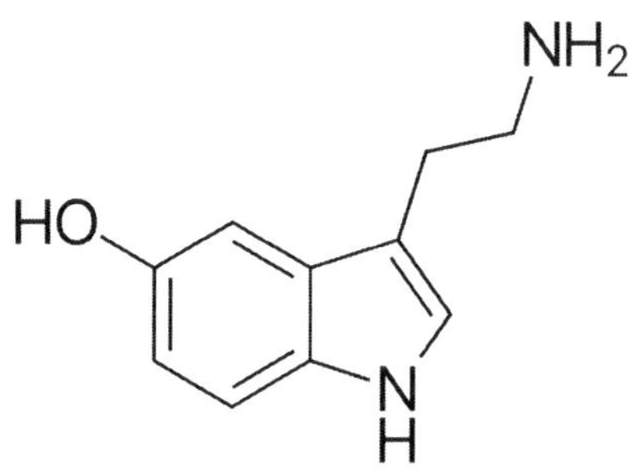

[그림 3] 세로토닌의 화학 구조

세로토닌은 아미노산의 하나인 트립토판으로부터 만들어지는 모노아민 계통의 신경전도 물질이다(그림 3). 세로토닌은 주로 장에 위치한 장 신경계와 뇌간에 위치한 솔기핵에서 생성된다. 사람의 경우 약 90% 이상의 세로토닌은 위장관의 장 세포에서 합성되고 나머지 10%는 뇌의 솔기핵에서 합성된다.

2) 세로토닌의 생물학적 기능

장기관에서 생성되어 분비된 세로토닌은 장운동을 조절한다. 세로토닌은 내강과 기저층에서 동시에 분비되어 혈소판에 흡수되어 저장된다. 저장된 세로토닌은 혈관의 수축이 일어날 때 방출되어 간이뉴런과 위장운동을 촉진한다. 또한 세로토닌은 내피세포의 산화질소(NO)의 분비를 촉진을 통해서 혈관확장을 유도한다. 세로토닌은 아드레날린 신경계의 노르에피네프린 분비를 억제한다. 세로토닌은 또한 일부 유형의 세포에서 성장인자로 작용하여 상처를 치유하는 역할을 한다.

세로토닌 뉴런에서 생성된 세로토닌은 중변연계로 전달되어 뇌의 다양한 활동을 조절한다. 세로토닌은 우리들의 감정, 식욕 및 수면 조절과 같이 매우 기본적인 생리 현상을 조절하는 한편 기억과 학습을 포함한 인지 기능에도 관여한다. 이러한 세로토닌의 기능 때문에 세로토닌의 합성과 재활용을 조절하는 요인들은 항우울증 치료제 개발의 표적물질이 된다. 예를 들어, SSRI 계통의 항우울제는 분비된 세로토닌을 다시 흡수하는 세로토닌 운반체의 기능을 억제함으로써 세로토닌의 혈중 또는 시냅스의 농도를 증가시킨다.

3) 세로토닌의 작용 기전

3-1) 세로토닌화 (serotonylation)

세로토닌이 특정한 단백질과 결합하는 과정을 세로토닌화(serotonylation)라고 부른다. 이러한 과정을 통해서 세로토닌이 세포토닌수용체를 통하지 않고 생물학적인 기능을 수행한다. 예를 들어 혈소판의 GTP 분해효소는 세로토닌화를 통해서 소포체의 세포외배출(exocytosis)를 유도한다. 인슐린도 이와 유사한 과정을 거쳐서 췌장에서 분비된다. 혈관평활근의 수축을 조절하는 단백질의 세로토닌화를 통해서 혈관의 수축 이완이 조절된다. 세로토닌이라는 이름도 이러한 현상에서 유래한 것이다.

2-4 엔도르핀 (Endorphin)

엔돌핀은 우리의 행복감과 인식 능력과 결단력을 증진시킨다. 신체적인 고통와 정신적인 스트레스를 줄인다. 이러한 엔도르핀은 유쾌한 일이 있을 때나 웃을 때나 좋은 음악을 들을 때도 분비된다. 엔도르핀의 분비는 주변의 환경에 의해서도 조절된다. 옆에 있는 사람이 신명나 있거나 콧노래를 부를 때도 엔도르핀이 분비된다. 이러한 이유로 엔도르핀의 별칭은 '행복 바이러스'라고 부른다.

1) 엔도르핀의 구조와 생성

엔도르핀은 올리고펩티드 호르몬이다. 엔도르핀은 중추 신경계와 뇌하수체에 의해 생성된다(그림).

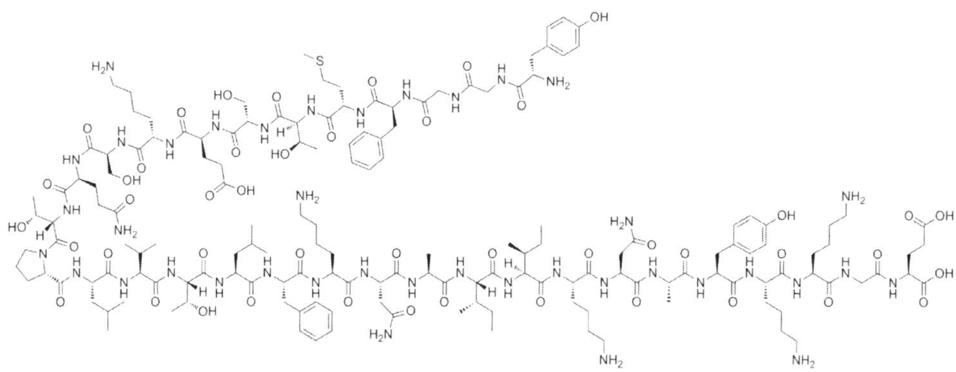

[그림] 베타-엔도르핀의 화학 구조식

엔도르핀은 엔도(endo-)와 모르핀(morpin)의 오르핀(-orpin)이 합성된 단어로서, "체내에서 유래하는 모르핀 유사 물질"이라는 의미를 가진다. 이 세 가지 엔도르핀은 μ-오피오이드 수용체와 결합하여 모르핀과 유사한 효과를 일으켜서 통증을 완화하고 행복감을 가져온다. 엔도르핀은 통증에 반응하여 자연적으로 생성된다. 엔도르핀은 중추 신경계와 말초 신경계에서 모두 중요한 역할을 한다. 말초신경계에서 작용하는 β-엔도르핀은 뇌하수체에서 방출되어 표적 뉴런의 세포막에 있는 μ-오피오이드 수용체와 결합한다. 엔돌핀과 결합한 수용체는 신경전달물질 P(substance P)를 차단함으로써 말초 신경의 통증 신호를 억제한다. 중앙신경계에서 엔도르핀이 작용하는 방식도 유사하다. 엔도르핀이 μ-오피오이드 수용체에 결합해서 신경전달물질인 감마-아미노부티르산(GABA)의 방출을 억제함으로써 도파민의 생성과 방출을 증가시킨다. 위에서 설명한 바와 같이 도파민은 즐거움과 보상을 촉발한다하는 신경전달물질의 역할을 통해서 만족감을 가져온다.

엔도르핀의 생성과 분비는 우리들의 일상적인 활동을 통해서도 촉진된다. 활발한 유산소 운동을 할 때 엔도르핀의 분비가 왕성해진다. 장거리 마라톤을 할 때 극도의 기쁨을 느끼는 것도 β-엔도르핀의 효과이다. 손쉬운 유산소 운동을 한 시간 이상을 해도 엔도르핀의 분비는 촉진되지 않았다. 반면에 고강도의 운동은 뇌에서 분비되는 엔도르핀의 양을 증가시켰는데 이는 고강도 운동으로 인한 신체적, 정서적 스트레스를 완화시키는 효과를 가져 온다. 뿐만 아니라 성관계에서 느끼는 오르가즘 시점에서 엔도르핀의 분비가 왕성해진다. 엔도르핀의 분비는 열심히 일한 보상이라는 철학적인 해석을 할 수 있겠다.

Chapter 09

일주기(circadian rhythm)과 수면(sleep)

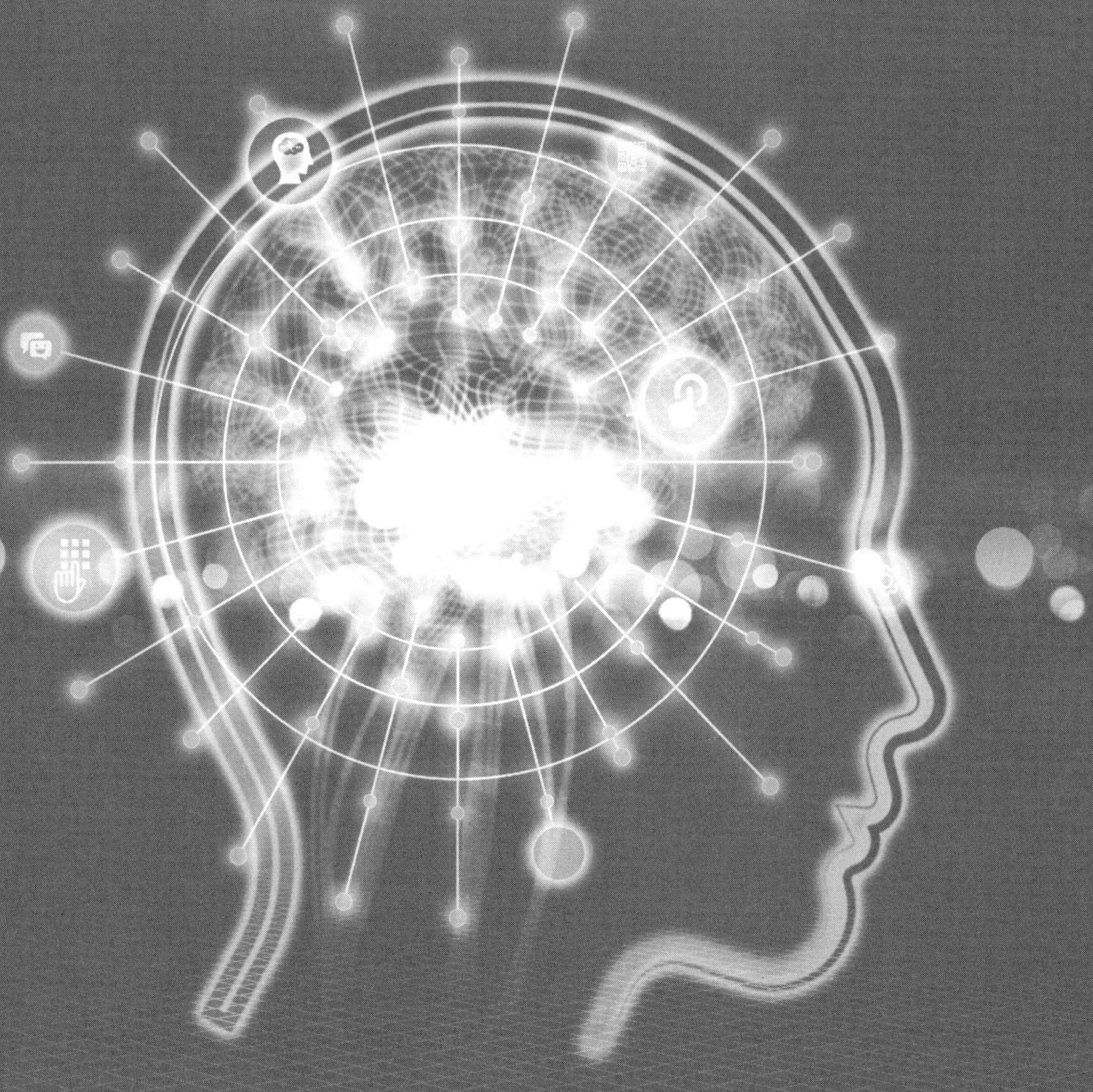

일주기(circadian rhythm)과 수면(sleep)

우리가 일상생활에서 본능적으로 누리는 세 가지 기본적인 욕구는 수면욕, 식욕, 그리고 성욕이다. 세 가지 중에 가장 강력한 욕구는 무엇일까? 인류를 포함한 포유류를 대상으로 조사한 연구의 결과에 의하면 수면욕이 단연 가장 강력한 욕구이다. 우리는 깊은 잠을 통해서 육체적인 건강뿐만 아니라 정신적인 능력도 회복하기 때문에 '잠이 보약'이고 한다. 수면을 잘 이해하고 관리하는 일은 우리의 생활을 건강하고 풍요롭게 만드는데 가장 중요할 것이다. 비단 잠뿐만 아니라, 우리의 몸은 하루 24시간을 따라서 각기 다른 시간대에 생리적으로 필요한 활동을 정교하게 이루어낸다(그림). 이를 '일주기 생체리듬 (circadian rhythm)'이라고 부른다.

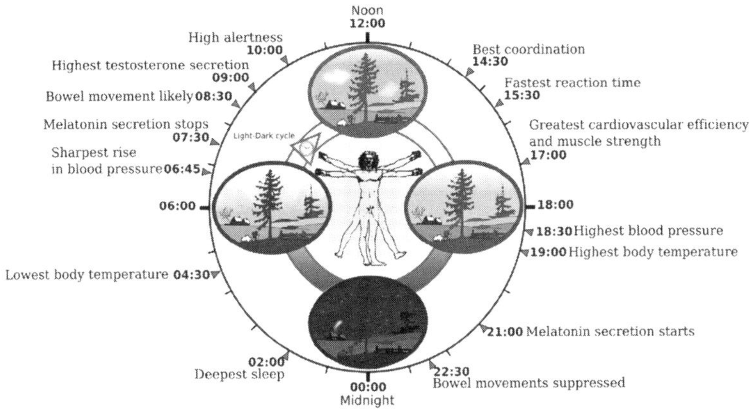

[그림 1] 사람의 생물학적 일주기 시계; 일주기는 낮과 밤을 따라 변화하는 빛의 강도에 의해 주로 동기화된다. 그러나 온도, 식사, 신체 활동과 같은 다른 환경적 및 생리학적인 요인도 영향을 끼친다.
https://commons.wikimedia.org/wiki/File:Biological_clock_human.svg#/media/File:Biological_clock_human.svg

일주기를 따라서 우리 몸에 일어나는 변화를 살펴보자. 하루를 시작하는 이른 침에 일어나는 생리학적 변화를 살펴보자. 신체적인 활동을 대비하는 목적으로 몸의 구석구석에 혈액을 왕성하기 공급하기 위해서 심장의 작동이 활발해지면서 혈압이 상승한다. 지난 밤 부터 왕성했던 멜라토닌의 분비가 중지되면서 신체적 및 정신적 각성 효과가 증가된다. 위장운동이 활발해져서 자는 동안에 양분을 섭취하고 남은 찌꺼기를 배출하여 몸을 가볍게 만들고 활동하기에 가장 좋은 몸 상태를 만든다. 이러한 이유들 때문에 우리는 오전에 맑은 정신과 몸 상태를 갖는다. 또한 우리가 고도의 집중력을 요구하는 업무를 오전에 하는 것이 좋은 이유가 여기에 있다. 점심 식사를 마친 오후에, 우리 몸의 생리적인 상태는 어떻게 변할까? 오전에 정신적인 명료함이나 집중력이 가장 좋은 시간대라면 오후는 신체적인 능력이 고조에 달하는 시간대이다. 신체적인 반응 기능과 근력이 가장 고조에 달하는 시간대이다. 점심 식사 후에 햇볕을 받으면서 산책하는 것도 몸과 마음의 건강에 좋은 이유가 여기에 있다. 저녁 식사를 마친 저녁 시간대에 우리의 몸은 휴식과 잠을 준비하는 단계로 접어든다. 생리적인 활동 단계를 휴식기로 낮추고 잠을 유도하는 멜라토닌의 분비가 왕성해진다. 하루 종일 먹고 소화시킨 음식물에서 양분과 에너지원을 흡수하기 위해서 작동한 위장운동이 쉬는 모드로 들어간다. 일주기와 수면주기를 조절하는 신경생물학적 원리를 파악하고 이를 관리하는 방법을 터득하는 일은 우리의 생활의 질을 향상시킬 뿐만 아니라 우리의 삶을 성공으로 이끄는 지름길을 열어주는 것이다.

1. 일주기

해가 뜨면 일어나 활동을 하고 밤이 되면 잠에 드는 우리의 생활주기를 일주기라고 한다. 인류가 수십억 년에 걸쳐 낮과 밤을 따라서 생활하면서 형성된 생리학적 현상이다. 뇌를 구성하는 특정한 뉴런과 세포가 분비하는 신경전도물질과 호르몬이 일주기를 조절한다. 생리적인 일주기 현상을 사람뿐만 아니라 지구상에 있는 거의 모든 생물체에 존재한다. 이러한 일주기 현상을 조절하는 새로운 유전자를 발견하고 기능을 규명한 제프리 홀, 마이클 로스바쉬, 마이클 W. 영 박사가 2017년도 "노벨 생리의학 상"을 수상했다.

1-1 일주기 조절 인자

뇌에 있는 특정한 뉴런이 빛의 강도에 반응하여 특정한 유전자의 발현을 조절함으로써 생리학적인 일주기가 형성한다. 일주기는 거의 모든 동물의 수면, 식사를 비롯한 주간 활동에 영향을 준다. 이러한 일주기는 체온, 뇌파 활동, 호르몬 생성, 세포 활성을 비롯한 여러 가지 생물학적 활동의 패턴으로 나타난다. 해가 뜨고 져서 생기는 광주기. 계절, 기상 조건, 식량의 확보를 위한 포식자 활동 시기들도 일주기를 유지하고 생성하는데 중요한 역할을 한다. 일주기에 영향을 끼치는 여러 가지 외부 요인 중에서 광주기가 끼치는 생리학적 양상을 살펴보도록 한다.

1) 코티솔(cortisol; glucocorticoid)

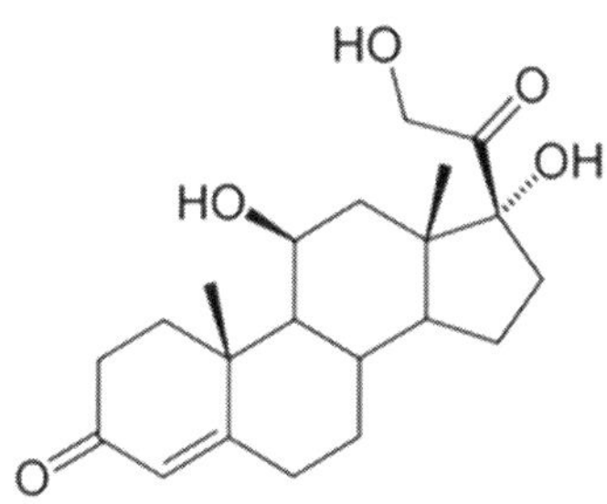

[그림 2] 코티솔의 화학 구조

코티솔은 스테로이드 계통의 호르몬으로서 네 개의 고리구조로 이루어진 간단하지만 화학적으로 매우 안정된 유기화합물이다(그림 2). 이는 부신에서 생성되어 분비된다. 코티솔의 일차적인 기능은 일차적으로 대사 활성을 조절하는 것이다. 단백질의 합성, 지질의 분해, 및 뼈의 재생과 같이 중요한 기능에 관여한다. 특히 코티솔은 스트레스 반응 호르몬으로 더 잘 알려졌다. 우리가 외부 환경적인 요인으로 인하여 스트레스를 받을 때, 코티솔의 분비가 왕성해져서 포도당 생성과 지질 분해가 증가함으로써 혈압이 상승하는 동시에 왕성해진 대사 활동으로 인하여 ATP의 합성이 급격하게 증가한다. 그러나 과도한 스트레스가 장기적으로 지속되면 코티솔이 분비가 되어 건강을 해친다. 과량의 코티솔은 세포의 죽음을 가져온다. 예를 들어 심한 정신적인 충격, 공황장애(trauma)는 뇌의 특정한 지역에 분포하는 뉴런의 죽음을 일으켜서 일시적인 기억상실이나 실어증과 같은 결과를 가져온다. 과도한 양의 코티솔은 T 세포의 분화를 억제하여 우리의 면역체계를 약화시킨다. 예를 들어, 평소에는 건강하다가 시험기간이 다가오면 감기에 걸리는 경우가 증가하는 것이다.

코티솔의 생성과 분비는 일주기를 따라서 정교하게 작동한다. 코티솔의 합성과 분비는 밤 12시 전후에서 코티솔의 합성과 분비는 지속적으로 증가하여 오전 9시에 최고점에 도달한다. 우리가 오전에 최고의 인지 능력과 집중력을 갖는 이유도 여기에 있다. 오전 9시 전후에서 코티솔의 합성과 분비가 지속적으로 감소하여 밤 12시 즈음 취침 시간에 최저점에 도달하여 취침 시간을 준비한다 (그림 3).

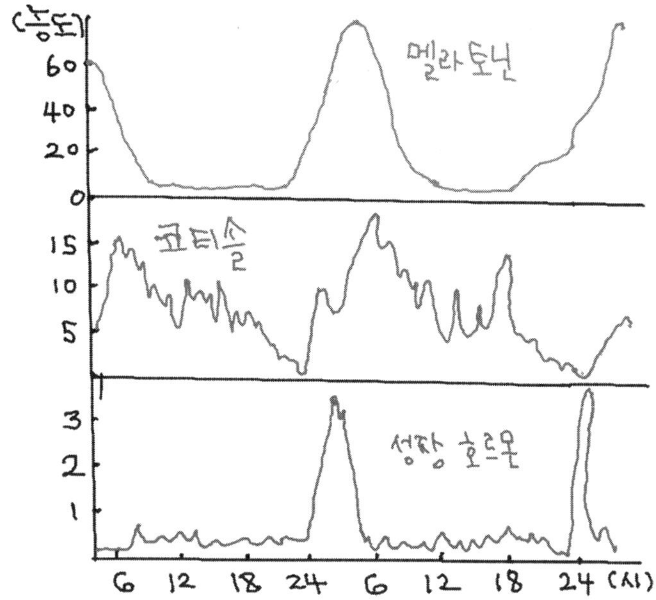

[그림 3] 멜라토닌, 코티솔, 성장 호르몬의 분비는 일주기를 따라서 정교하게 조절된다.

2) 아데노신(adenosine)

아데노신은 고에너지 저장 분자인 ATP가 화학적 모식을 거쳐서 생성된다. 두 개의 고리 구조로 이루어진 간단한 유기화합물질이다(그림 4).

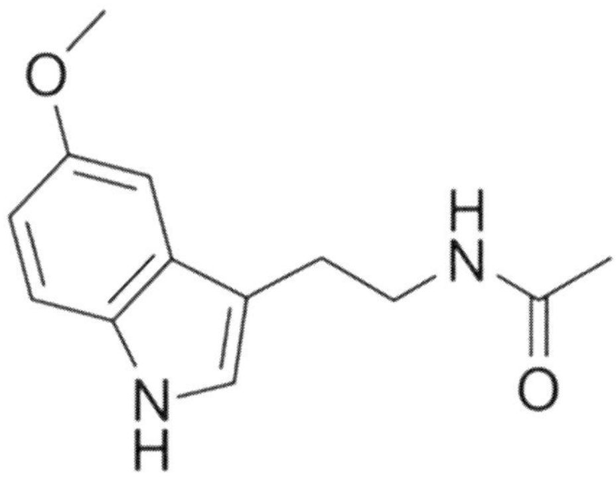

[그림 4] 아데노신의 화학 구조

아데노신의 합성은 신체활동이 왕성한 낮 시간에 증가되는 ATP 사용 양에 비례해서 증가한다. 혈중 아데노신의 농도가 높아지면서 뇌를 비롯한 각종 조직의 아데노신 농도도 증가한다. 아데노신의 양이 낮에 지속적으로 축적되어 최고점에 도달하면 한 밤중에 비-급속안구운동(nREM) 수면 을 유도한다. 아데노신은 아데노신 수용체와 결합하여 생리학적인 변화를 유도하여 수면을 유도하고 대사율을 감소시킨다. 특히 우리가 자는 동안 생성되고 축적된 아데노신 분해효소가 아데노신을 분해함으로써 아데노신의 양이 감소시킴으로써 아침에 잠을 깨우는 역할을 한다. 우리가 커피를 마시면 잠이 오지 않는 이유는 카페인이 아데노신과 유사한 분자 구조를 가지고 있어서 아데노신 수용체와 결합하여 아데노신의 결합을 방해하기 때문이다 (그림 5).

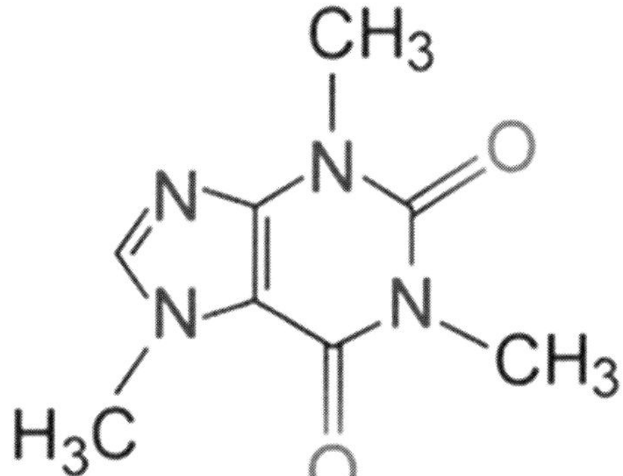

[그림 5] 아데노신과 유사한 아데노신 화학 구조식

3) 멜라토닌(melatonin)

3-1) 멜라토닌의 구조와 생성

멜라토닌은 아미노산의 하나인 트립토판으로부터 생성되어 매우 간단한 화학 구조를 갖는다. 낮 동안에 햇빛이 수정체를 통과해서 만든 생체 신호가 송과선에 있는 뉴런에 전달되면 송과선은 멜라토닌의 합성을 중지한다. 반대로 해가 지면 송과선은 멜라토닌의 합성을 시작한다. 이와 같이 광주기를 따라서 합성이 조절되는 멜라토닌은 분비되어 표적 세포의 막에 있는 수용체와 결합하여 일련의 생리적인 변화를 조절함으로써 수면-각성 주기(sleep-wake cycle)를 조절한다(그림 6). 앞에서 살펴본 봐와 같이 세포토닌은 낮에 합성과 분비가 왕성해서 우리의 의식을 각성시키는 생리학적 역할을 한다.

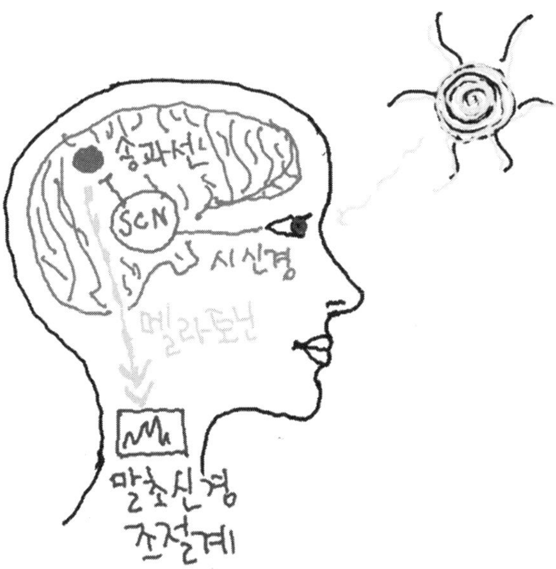

[그림 6] 수정체를 통과한 햇빛이 눈에 있는 시신경을 자극해서 만든 생체 신호가 뇌에 있는 시신경교차상핵(suprachiasmatic nucleus; SCN)에 전달되면 시신경교차상핵이 멜라토닌을 합성하는 송과선의 기능을 불활성화한다.

특히 파장의 역역이 460~480 nm에 해당되는 청색광이 송과선에서 일어나는 멜라토닌의 생합성을 억제하는 것으로 보고되었다. 우리가 몸에 늘 사용하는 휴대전화기 화면에서 상당량의 청색광이 나온다. 취침 시간 전에 청색광에 노출되는 시간에 비례해서 멜라토닌의 생성이 감소된다. 휴대전화기에 청색광을 차단하는 것도 수면 관리에 매우 중요한 방법이 될 것이다.

3-2) 멜라토닌의 기능; 수면 유도 및 항산화 작용

첫째, 멜라토닌은 수면-각성주기의 조절에 중요한 역할을 한다. 멜라토닌의 합성과 분비는 생애주기를 따라서 변화한다. 갓 태어난 아기는 생후 3개월이 되면 밤 12시 전후에서 아침 8시 전후 사이에 멜라토닌이 분비된다. 사춘기에 도달하면 멜라토닌의 분비가 시작되는 시점이 늦추어진다. 이러한 이유 때문에 십대 청소년들이 늦게 자고 늦게 일어나는 것이다. 사람의 경우 중년기를 지나면서 멜라토닌의 생성이 감소하여 수면 시간이 짧아지고 자주 깨는 이유도 여기에 있다. 둘째, 멜라토닌은 뛰어난 항산화 효과를 나타낸다. 멜라토닌은 항산화 효과는 비타민 E보다 두 배 이상이다. 이는 멜라토닌이 멜라토닌 수용체와 결합하여 항산화 효소 유전자의 발현을 유도함으로써 항산화 효과를 향상하는 것으로 보고되었다. 항산화 과정이 여러 가지 질병의 원인이라는 점을 고려할 때 멜라토닌의 원활한 분비는 우리의 건강에 필수적일 것이다. 이는 잠이 보약이라는 말을 다시 뒷받침하는 과학적인 증거이다.

4) 성장 호르몬(growth hormone)

성장 호르몬은 펩티드 호르몬이다. 이는 뇌하수체에서 혈류로 분비되어 몸 전체에 전달된다. 분비된 성장 호르몬은 세포막에 있는 성장 호르몬 수용체와 결합하여 세포내에 신호를 전달한다. 이 신호에 의해서 활성화되는 일련의 생화학적 변화가 단백질의 활성화 및 특정한 유전자 군의 전사로 나타난다. 성장 호르몬이 작용하는 조직은 뇌, 근육, 뼈, 그리고 간을 포괄하고 있어서 상당히 광범위한 표적을 갖는다. 성장 호르몬의 생성과 분비는 적합한 신체적인 운동과 충분한 수면을 취할 때 원활하게 일어난다. 특히 성장호르몬의 생성과 분비는 일주기를 따라서 정교하게 조절된다. 우리가 밤에 깊은 잠을 잘 때 활발하게 분비된다(그림).

5) 신경전달물질(neurotransmitter)

수면의 세부적인 조절은 뇌에서 분비되는 신경전달물질에 의해서 이루어진다. 이러한 신경전달물질이 뇌의 부위에서 합성되고 분비될까? 분비된 신경전달물질이 신호를 전달하는 표적 뉴런은 무엇인지를 살펴보자. 사람을 포함하는 포유동물에서 생존과 생식과 직접적으로 연관되는 수면, 식욕 및 성욕을 조절하는 뇌의 부위는 후뇌와 시상하부에 집중되어 있다. 후뇌와 시상하부에서 분비되는 신경전달물질 중에 아세틸콜린과 노르에피네프린이 수면 과정을 조절하는데 가장 중요한 역할을 한다.

(1) 아세틸콜린(acetylcholine); 뇌간의 각성 부위에서 합성된 아세틸콜린은 축색을 따라서 이동하여 시상과 뇌간에 도달하여 분비된다. 분비된 아세틸콜린은 시상과 뇌간에 있는 시냅스후 뉴런의 세포막에 있는 아세틸콜린 수용체와 결합하여 일련의 생리학적 변화를 시냅스후 뉴런에 촉발한다. 생리학적 변화는 궁극적으로 각성 상태를 만드는 여러 가지 요소를 활성화한다. 수면 주기의 nREM 3 단계에서 분비된 아세틸콜린은 REM을 유발하는데 관여하는 것으로 알려져 있다.

(2) 노르에피네프린(norepinerphrine; NE); 노르에피네프린의 다른 이름은 노르아드레날린(noradrenaline)이다. 노르에피네프린은 뇌와 신체에서 신경전달물질과 호르몬으로 작동하는 화학 물질이다. 뇌에서 노르에피네프린은 각성 및 주의력을 높이고 경계를 촉진하며 기억의 형성 및 검색을 강화하여 주의를 집중시키는 기능을 한다. 반면에 과도한 분비는 불안을 증가시키기도 한다. 노르에피네프린은 심장의 박동 수와 혈압을 높이고, 에너지 저장고에서 포도당 방출을 유발하고, 골격근으로의 혈류를 증가 시키는 역할을 한다.

6) 유전자 전사 조절 인자

2017년 노벨상을 수상한 연구팀은 일주기 리듬에 이상이 생긴 초파리를 제작하여 돌연변이가 생긴 유전자를 추적하여 발견하는 연구를 하였다. 이러한 연구의 결과는 몇 개의 유전자가 일주기를 조절한다는 놀라운 성과를 낳았다. 초파리 일주기 리듬은 기본적으로 네 가지 유전자에 의해서 이루어진다. 이들의 유전자 이름은 각각 기간, 시간, 시계, 순환이라는 뜻을 가진 period, time, clock, cycle이다. 이들 유전자의 최종 산물인 단백질의 합성은 일주기를 따라서 정교하게 조절된다. 이들 단백질은 유전자의 전사를 조절하는 전사조절인자로 작용하여 일주기를 관리한다.

2. 수면 주기

잠은 그림에서 나타낸 바와 같이 단계적으로 진행되며 이를 '수면주기(sleep cycle)'라 부른다. 사람의 수면은 4 단계로 이루어진다(그림 7); 급속수면단계(REM), 비-급속수면단계(nREM) 1단계, 2단계, 및 3단계. 수면의 단계는 눈동자의 움직임과 다른 몇 가지 전기 생리학적인 특징에 따라서 구분한다.

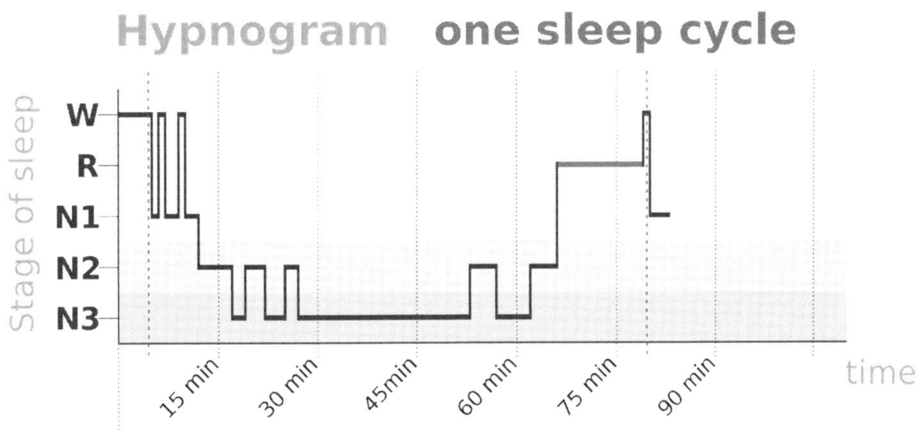

[그림 7] 수면 주기 일회를 나타내는 모식도; 수면 주기는 급속안구운동(R; REM), 비-급속안구운동(non-REM; N) 1단계(N1), 2단계(N2), 및 3단계(R3)의 순서로 이루어진다.
https://commons.wikimedia.org/wiki/File:Hypro_zyklus_1_en_103.svg#/media/File:Hypro_zyklus_1_en_103.svg

2-1 수면 주기의 정의

수면 주기는 4 단계로 구분되는 수면의 상태가 일정한 순서로 구성된다. 수면의 4 단계는 REM, nREM1, nREM2, nREM이다. 수면 주기는 REM, nREM1, nREM2, nREM3, nREM2, REM과 같은 순서를 따라 이루어진다(그림 7). 이러한 수면 주기는 우리가 밤새 자는 동안 4-5회 정도 반복한다.

2-2. 수면 주기의 단계

1) 급속안구운동(REM)

눈동자가 활발하게 움직일 때의 수면을 REM(random eye movement)이라고 부르고 움직이지 않는 상태의 수면을 nREM(non REM)이라고 한다. REM은 수면의 단계가 시작되고 끝나는 과정을 차지한다.

2) 비-급속안구운동(nREM) 1 단계

nREM 1 단계는 그림에 나타낸 바와 같이 제1 상태(stage 1)에서 제2 상태 까지 차지하는 구간이다. 이는 REM의 바로 다음 단계로서 눈동자의 움직임이 현저하게 감소하는 동시에 가장 특징적인 알파 파가 나타난다. 근육의 움직임이 아직도 활발한 상태이나 눈동자의 움직임이 점차 느려지는 시기이다. 사람의 알파 파는 시상 박동 생성 세포(thalamic pacemaker cell)가 동시적으로 만들어내는 8-15 Hz 범주의 주파수를 갖는 뇌신경 전자파다. 사람의 알파 파는 눈을 감은 상태에서 깨어있는 중에 대뇌 피질의 후두엽에서 가장 강하게 나타난다. 눈을 뜨거나 졸거나 수면 상태로 들어가면서 감소한다. 최근의 연구에 의하면 알파 파는 사용하지 않는 대뇌 피질의 활동을 억제하거나 피질 간의 네트워크를 조절하는 것으로 여겨진다.

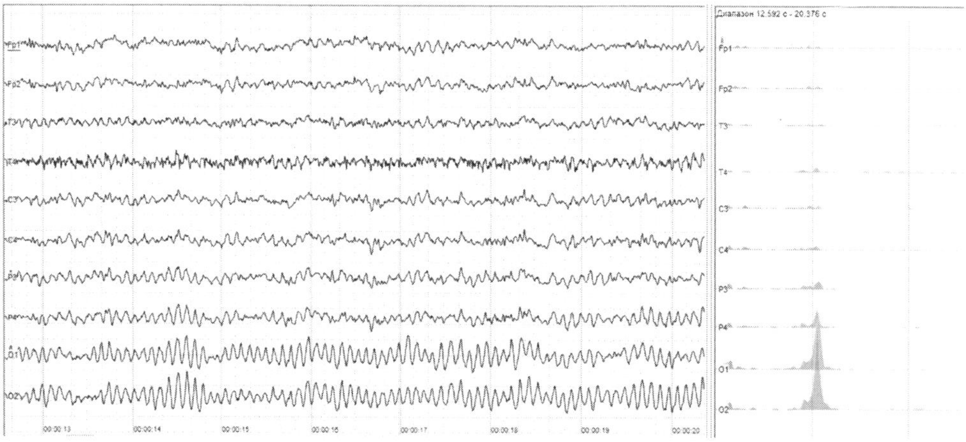

[그림] 사람의 수면 알파파; 사람의 후두엽에서 수면 중에 발생하는 알파파를 측정한 뇌전도(EEG)의 양상
https://commons.wikimedia.org/wiki/File:Human_EEG_with_prominent_alpha-rhythm.png#/media/File:Human_EEG_with_prominent_alpha-rhythm.png

알파파는 REM 수면 중에도 발생한다. 깨어있는 형태의 알파 활동과는 반대로, 이는 뇌의 전두엽 중앙 부위에서 발생한다. REM 수면 중에 발생하는 알파 파의 기능을 우리는 아직 이해하지 못하고 있다. 최근의 연구에 의하면 작업장에서 발생하는 사고나 실수를 방지하는 데 사용될 수 있을 것으로 여겨진다. 알파 파의 활동이 25 이상 증가한 후에 작업에서 실수가 일어나는 확률이 유의성 높게 나나타났기 때문이다. 예를 들어 장거리 운전이나 비행기 운행하는 운전자나 비행사의 안전을 위한 기기를 제작하는데 응용할 수 있을 것이다.

3) nREM 2 단계

'nREM 2 단계'는 제2 상태와 제3 상태 사이의 구간이다(그림 7). 잠이 가장 깊은 상태로서 깨우기가 가장 어려운 상태이다. 생리학적인 특징은 쎄타 파(q wave)이다.

3-1) 쎄타 파(q wave)

사람의 뇌에서 관찰되는 세타 파는 4-7 Hz 영역의 주파수로서 해마와 대뇌 피질에서 발생한다; '해마 세타 파(hippocampal theta wave)'와 '대뇌 피질 세타 파(cortical theta wave)'이다.

(1) 해마 세타 파

해마 세타 파는 단기 기억의 형성에 핵심적인 역할을 하는 해마에서 일어난다. 이제까지 보고된 연구 결과에 의하면, 해마 세타 파는 각성, 감각-운동 정보 처리, 학습과 기억에 관여하는 것으로 여겨진다.

(2) 대뇌피질 세타 파

대뇌피질 세타 파는 해마와 명확한 관계가 없는 현상으로 파악된다. 성인의 경우에 대뇌피질 세타 파는 명상, 졸음, 최면 또는 수면 상태에 나타나는 반면에 가장 깊은 수면 단계에서 나타나지 않는다.

4) nREM 3 단계

nREM 3단계의 생리학적인 특징은 3.5 Hz 이하의 고주파로 구성된 '델타 파(d wave)'이다. 주변의 자극에 대해서 반응하지 못하는 상태의 수면이 계속된다. 이러한 이유로 nREM 3 단계는 '서파 수면(slow wave sleep)'이라는 별칭을 갖고 있다.

4-1) 델타 파(d wave)

델타 파는 사춘기 이후에 성적 양극화 현상을 보이는데, 여성에서 더 강하게 발생한다. 나이가 들어감에 따라 여성보다 남성에서 델타 파의 생성율이 지속적으로 감소한다. 델타 파는 시상과 대뇌 피질에서 일어난다. 시상에서 형성되는 델타 파는 망상 형성(reticular formation) 부위와 함께 작동하여 발생하는 것으로 여겨진다. 대뇌피질 델타 파는 위교차 핵(supra-chiasmatic nuclei; SCN) 부위가 핵심적인 조절 부위로 작동하여 발생한다. 사람의 델타 파는 수면 중에 대뇌피질의 우반구에서 지배적으로 발생한다. nREM 3단계에서 델타 파가 발생되는 동안, 감마-아미노 부티르산 (gamma-amino butyric acid; GABA)가 뉴런의 활동은 전반에 걸쳐서 억제한다. 델타 파가 발생하는 동안 성장호르몬, 프로락틴 등의 호르몬의 생성과 분비가 왕성해지는 반면 갑상선 자극 호르몬 (thyroid-stimulating hormon; TSH)의 분비는 감소한다. 이는 델타 파가 수면 주기를 조절하는 중요한 인자들의 생성과 분비를 조절함으로써 수면 주기를 정교하게 관리한다는 것을 의미한다.

2-3 낮잠

포유류의 85 % 이상이 밤에 뿐만 아니라 낮에도 여러 번으로 나누어 짧게 잠을 자는 반면에 인류는 밤에만 주로 자는 종에 속한다. 이는 아마도 문명의 진화와 함께 사회적으로 적응하기 위하여 자연적으로 형성된 수면 주기가 변형된 것일 수도 있다. 이를 뒷받침하는 가장 좋은 예는 어린이와 노인이 자주 자는 낮잠이다. 성인의 낮잠은 여러 가지 이유로 밤에 잠을 충분하게 자지 못하였을 때 주로 취해진다. 낮잠을 즐기는 사람 중에는 역사적으로 유명한 지도자들도 상당히 많다. 나폴레옹, 윈스톤 처칠, 존 F. 케네디, 로날드 레이건와 같은 지도자를 비롯하여 알버트 아인슈타인, 토마스 에디슨과 같은 천재들이 낮잠을 즐겼다. 이들의 위대한 지도력과 인류에 길이 남을 과학적 업적과 발명들이 과연 낮잠이라는 수면 습관과 관계가 있을까? 낮잠은 기억과 학습에 관련된 능력뿐만 아니라 신체적인 능력도 향상한다고 알려져 왔다. 여러 가지 연구 에 의하면 낮잠의 효과는 수면의 주기에서 나타나는 REM 수면 때문인 것으로 나타났다. 다음에서 다루는 수면 주기에서 REM을 정의하고 학습과 기

억에 대한 효과를 논의하고자 한다

3. 수면의 효과

건강한 수면이 학습의 효과를 크게 향상시킨다는 연구 보고서가 최근에 들어 꾸준히 발표되고 있다. 이러한 보고서의 내용을 종합해서 요약하자면, 뇌가 기억을 편집하고 중요한 패턴을 찾아서 '요점'을 설명할 수 있는 핵심적인 규칙을 추출하는데 수면이 도움을 준다는 것이다. 뿐만 아니라 이렇게 찾은 규칙을 기존의 기억과 통합하는 과정에도 도움이 된다는 것이다. 이러한 현상에 관한 가설 중에 하나가 '시냅스 스케일링(synaptic scaling)'이다; 수면이 깨어있는 동안 익힌 내용을 다시 조직함으로써 뇌가 학습 내용을 효과적으로 저장하여 뇌의 기억과 학습을 위한 공간과 에너지를 더욱 적절하게 사용한다는 것이다.

3-1 '과정 기억(procedural memory)'

건강한 수면은 앞에서 살펴 본 바와 같이, 적절한 순서와 비율의 nREM 및 REM 단계가 구성된다. 이러한 순서는 학습과 관련되는 기억의 형성과 통합을 최적화하는 과정의 역할을 한다. 정상적인 수면 중에 nREM과 REM 수면 기간은 번갈아 일어나고, 주기는 각각 약 90 분과 20-30 분으로 진행된다.[7] nREM 수면 중인 사람은 몸을 뒤척이거나 엎드리는 움직인다. REM 수면 상태에 있는 사람은 몸을 거의 움직이지 않는다. 생리학적 연구에 따르면 REM 수면 상태는 가끔 가벼운 근육의 떨림을 제외하고 근육이 거의 마비된 상태로 여겨진다. 최근의 보고서에 의하면 새로운 것을 학습하는 기억이 저장되는 과정에서 REM 상태의 수면이 기억의 형성에 중요한 역할을 하는 것으로 나타났다. 예를 들어 운동기술을 습득할 때, 어떤 운동을 학습하는 중간에 수면을 취하는 순서를 빼는 운동기술의 습득하는 효율이 현저하게 떨어졌는데, 이는 수면이 학습의 효과를 증진한다는 것을 뒷받침하는 것이다. 수면이 기억을 형성하는 과정인 '과정 기억(procedural memory) 능력을 향상시키는지를 다음과 같은 조사를 통해서 알아보았다. 컴퓨터 키보드에서 특정한 순서의 숫자나 문자를 손가락으로 두드리는 작업에서, 이 동작을 수행하는 정확도와 속도를 측정하여 운동 기술을 학습하는 능력을 측정하였다. 첫 번째 그룹은 키보드를 학습한 직후 측정하고, 12 시간 깨어있는 후에 측정하고, 끝으로 12 시간 잠을 잔 후에 측정하였다. 다른 그룹은 키보드를 학습한 직후 측정하고, 수면을 취하고 12 시간 후에 측정하고, 다시 12 시간 깨어있는 후에 측정하였다. 실험의 결과에 따르면 두 그룹 모두 12 시간동안 깨어 있은 후에 약간의 개선을 보였으나, 잠든 후에 측정한 학습의 효과가 훨씬 크게 향상되었다. 이 연구는 REM 수면이 운동 기술 절차 기억을 통합하는 데 중요한 요소이므로 수면 부족이 운동 학습 작업의 성능을 손상시킬 수 있다는 증거를 제시한다. 이와 같이 학습 내용이 수면을 통해서 저장되는 과정에서 가장 중요한 시점은 두 번째 오는 REM인 것으로 보인다. 이 시점은 잠이 들어서 180분 전후 지점으로 파악된다(그림).

4-2 서술 기억(declarative)

수면은 과정 기억뿐만 아니라 '서술 기억(declarative memory)'의 형성도 효과적으로 향상시킨다. 서술 기억은 nREM 수면 중에서도 '서파 수면(slow wave sleep; SWS)이 발생하는 시기에 형성되는 것으로 보인다. 피험자가 새로운 단어 쌍을 익힌 다음 잠을 자고 나거나 계속 깨어 있은 다음에 쌍을 바르게 연결할 수 있는 능력을 검사하였다.12], 실험의 결과는 수면은 기억의 상실을 방지할 뿐만 아니라 서술 기억을 적극적으로 형성하였다.

4-3 통찰력(insight)

수면은 통찰력도 향상시킨다. 앞에서 확인한 바와 같이 깊은 잠은 과정 기억과 서술 기억을 모두 효과적으로 증진시킨다. 이 과정을 통해서 수면은 우리가 새로 입력된 정보를 분석하고 이해해서 통찰력을 갖도록 한다. 우리가 자는 동안 깨어 있을 때 새로운 것을 배웠을 때 나타나는 두뇌 활동 패턴이 수면 중에 동일한 양상으로 나타나되 특히 더 빠른 속도로 진행된다. 이러한 현상은 새로운 것을 배울 때 형성되었던 시냅스 중에 약하게 연결된 시냅스들을 제거하여 제대로 형성된 시냅스의 형성을 강화하는 것으로 여겨진다. 수면 중에 이러한 약화는 우리가 깨어있는 동안 다른 연결을 강화시킵니다. 이는 서술 기억의 형성에 주로 기여하는 과정으로 여겨진다. 수면은 약한 시냅스를 제거되고 제대로 이루어진 시냅스가 강화되어 우리는 잠에서 깨어날 때 새로운 정보에 대한 통찰력을 갖는 것이다.

Chapter 10

성(sex)

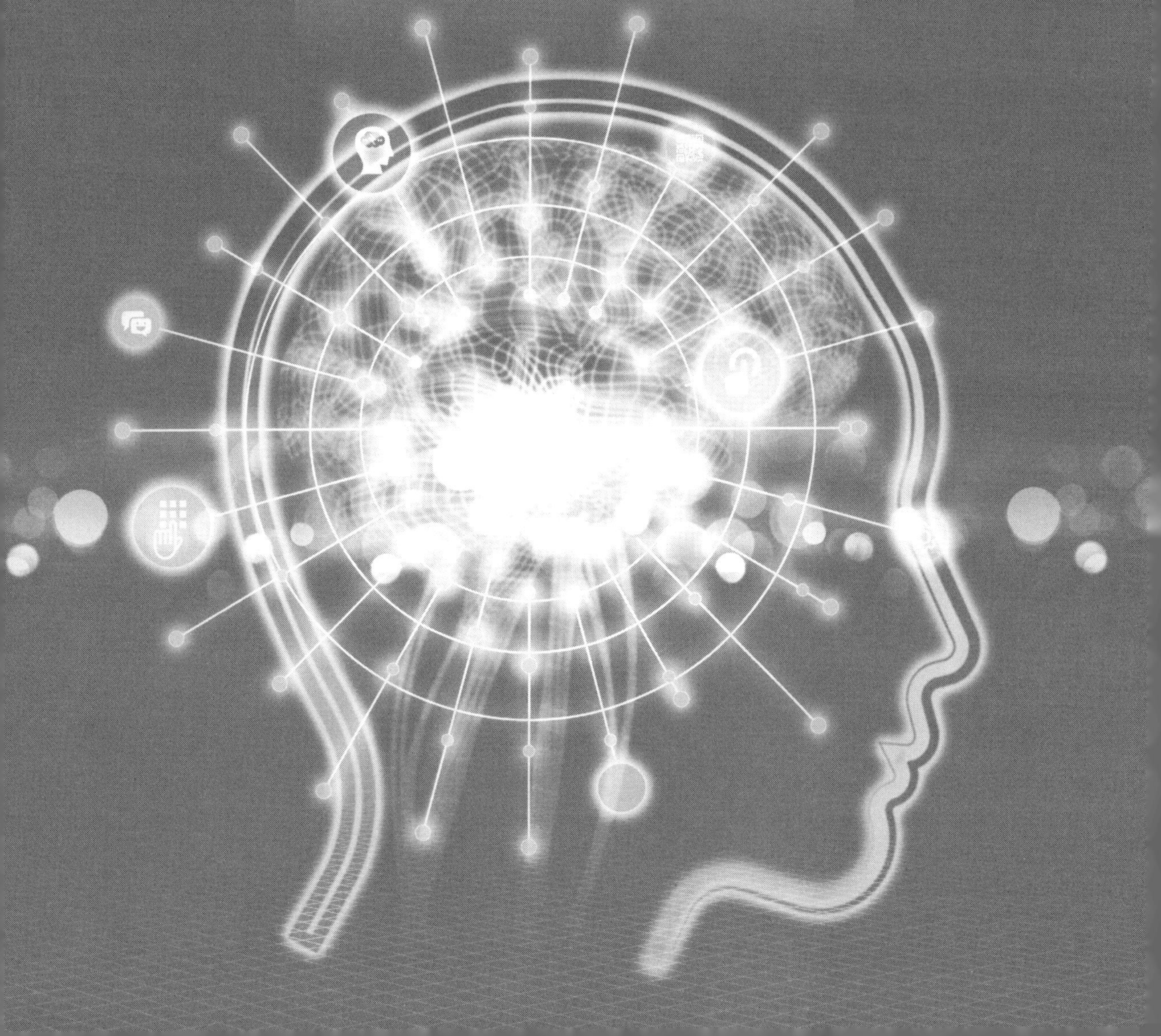

성(sex)

지구에 존재하는 모든 생물체들이 진화 과정에서 확보해온 종의 다양성은 생식을 통해서 이루어져 왔다. 생식에는 무성 생식과 유성 생식이 있다. 유성 생식에서 암컷과 수컷에서 만들어진 생식 세포는 감수 분열을 통해서 한도를 파악할 수 없을 정도로 다양한 유전자 배합을 가진다(그림 1). 이와 같이 생성된 난자와 정자가 결합하여 하나의 개체를 탄생시킨다. 지구에서 현재 살아가는 인류는 50억 명이 넘는다. 일란성 쌍둥이를 제외하면 똑 같이 생긴 사람을 찾는다는 일은 거의 불가능한 이유가 여기에 있다.

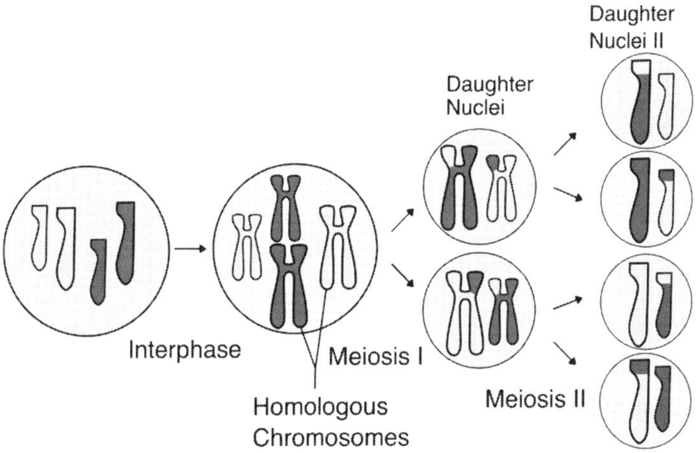

[그림 1] 감수 분열: 생식원세포 하나는 부모로부터 유래한 한 쌍의 상동염색체를 감수 분열 1기에서 재조합을 이룬다. 감수 분열 2기를 통해서 재조합된 자매염색질을 분리하여 유전적으로 독특한 생식세포 네 개를 만든다.
https://commons.wikimedia.org/wiki/File:Meiosis_Overview_new.svg#/media/File:Meiosis_Overview_new.svg

이렇게 우리는 천생 천하에 유일한 사람으로 태어나서 성적으로 성숙하는 사춘기를 기점으로 이성을 향하는 열정과 사랑으로 가득한 행동과 생활을 한다. 그리고 이러한 생활은 일생을 통해서 여러 단계로 발달한다. 데이트, 연애, 동거, 결혼 등과 같이 여러 가지 형태로 이루어진다. 이 기간에 인간이 성에 대해서 생각하는 빈도와 시간에 대한 연구 보고서에 따르면 우리가 성에 할애하는 정신적인 투자는 상당한 것이다. 따라서 올바른 성 생활은 우리의 삶을 풍성하고 행복한 방향으로 이끌지만 삐뚤어진 방법으로 성을 탐닉하는 생활은 자칫 불행한 삶을 가져올 수 있다. 본 장에서는 첫째, 인간의 성적 행동이 성적 양극화(sexual dimorphism)를 유도하는 신경생물학적 요인과 기전을 먼저 논의한다. 둘째, 이를 바탕으로 성적 정체성(sexual orientation)을 결정하는 뇌 과학적인 요인을 파악하도록 한다. 끝으로, 성 생활을 유도하는 뇌 과학적인 요인과 기전을 파악하여 건강한 성 생활을 할 수 있는 정보를 제공한다.

1. 성적 이형성(sexual dimorphism)

사람의 성은 난자와 정자가 수정될 때 결정된다. 수정란이 성 염색체 XX를 가질 경우는 여아로 발달하고 XY를 가질 경우는 남아로 발달한다. Y 염색체는 말단 부위에 '남성 결정 인자(testicle determining factor; TDF)' 유전자를 가지고 있다. TDF는 배아의 성을 결정하는데 매우 핵심적인 역할을 한다. 예를 들어서 TDF 부위가 상실된 Y 염색체를 가진 정자가 정상적인 난자와 수정하는 경우, 이 수정란은 정상적인 남아로 발달하지 못하고 형체적으로 여아로 발달하고, 성인이 되어서도 여성적 생활을 한다. 이는 배아의 발달 과정이 사람의 성적 양극화와 성적 행동에 핵심적인 기간이라는 것을 보여주는 단적인 경우다.

1-1 성 호르몬(sex hormone)

태아의 성적 발달에서 성 호르몬은 핵심적인 역할을 한다. 성 호르몬에는 남성의 발달을 촉진하는 테스토스테론(testosterone)과 여성의 발달을 촉진하는 에스트로겐(estrogen)이 있다.(그림) 테스토스테론과 에스트로겐은 각각 정소와 난소에서 생성되어 혈류로 분비된다. 이들 호르몬은 스테로이드 계통으로서 세포막을 통과하여 세포질로 들어가서 각각의 수용체와 결합한다. 성호르몬-수용체 복합체는 핵 안으로 이동해서 특정한 유전자의 전사를 활성화함으로써, 생리학적 및 발생학적으로 중요한 역할을 한다.

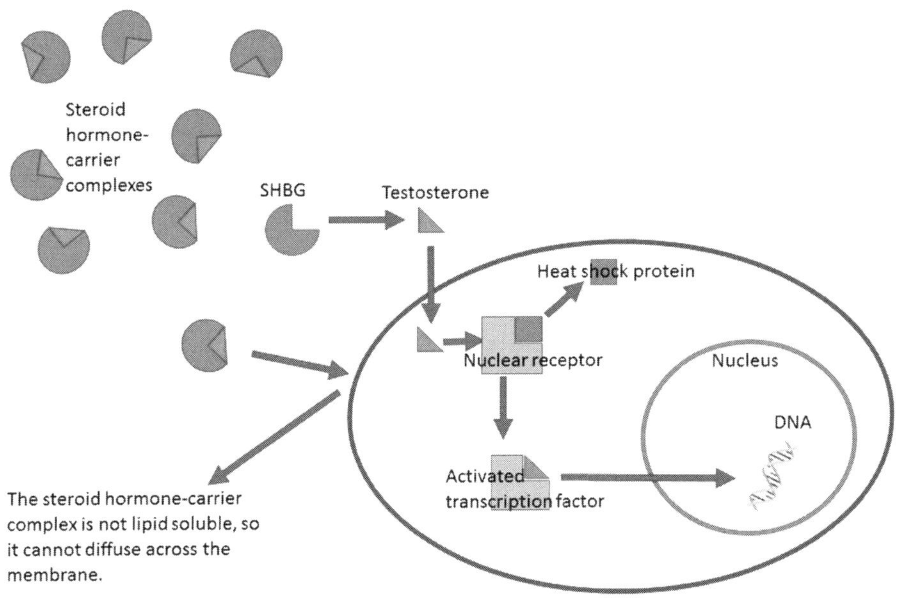

[그림 2] 테스토스테론은 세포의 안으로 들어가서 핵수용체(nuclear receptor)와 결합하여 핵으로 이동한다. 핵으로 들어온 테스토스테론-수용체 복합체는 특정한 유전자의 전사를 조절하는 DNA 염기서열과 결합하여 전사를 활성화하여 유전자 발현을 조절한다.
https://commons.wikimedia.org/wiki/File:Free_Hormone_Hypothesis_2.jpg#/media/File:Free_Hormone_Hypothesis_2.jpg

1) 남성호르몬이 태아의 발달에 끼치는 영향을 분석하기 위해서 임심한 생쥐에 남성호르몬을 처리한 후, 태어난 생쥐가 성적으로 성숙하였을 때의 성적 행동을 관찰하였다. 태아 수컷의 뇌로 들어간 테스토스테론은 효소에 의해서 에스트로겐의 일종인 E2로 바뀌어 수컷의 정상적인 발달을 주도한다. 테스토스테론은 수컷 태아에서 시상하부의 일부 영역에 해당되는 안쪽 시각 앞구(medial preoptic area; MPOA) 부위에서 일어나는 세포의 죽음을 방지하여 이 부위의 정상적인 분화를 유도한다. 반면에 에스트로겐은 수컷 태아에 작용하여서 시상하부의 '앞배쪽 뇌실-주위 핵(antetro-ventral peri-ventricular nucleus; AVPV)'을 이루는 세포의 죽음을 유도함으

로써 암컷 태아의 AVPV가 수컷의 것보다 5배 이상 크다(그림 3).

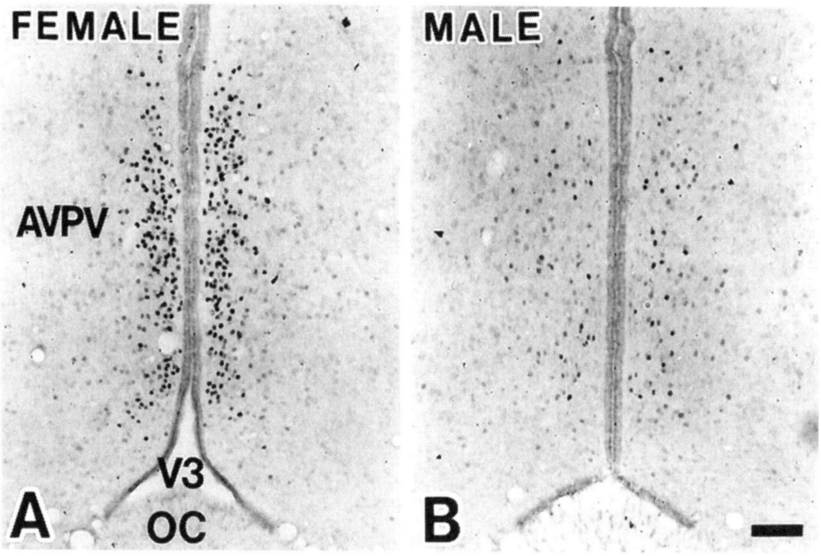

[그림 3] 암컷 쥐의 AVPV의 크기가 수컷 쥐의 것보다 5배 이상 크다. 암컷 쥐의AVPV에서 발현된 여성호르몬 수용체의 수가 수컷 쥐에서 발현된 수보다 압도적으로 많다. (Kondo et. al., PNAS March 5, 2002 99 (5) 3306-3311).

1-2 시상하부-뇌하수체-성선 호르몬 축

성 호르몬의 생성과 분비는 시상하부에서 시작하여 뇌하수체를 거쳐서 성선에 도달하는 일련의 축에 의해서 정교하게 조절된다. 이를 '시상하부-뇌하수체-성선 호르몬 축'이라고 부른다(그림).

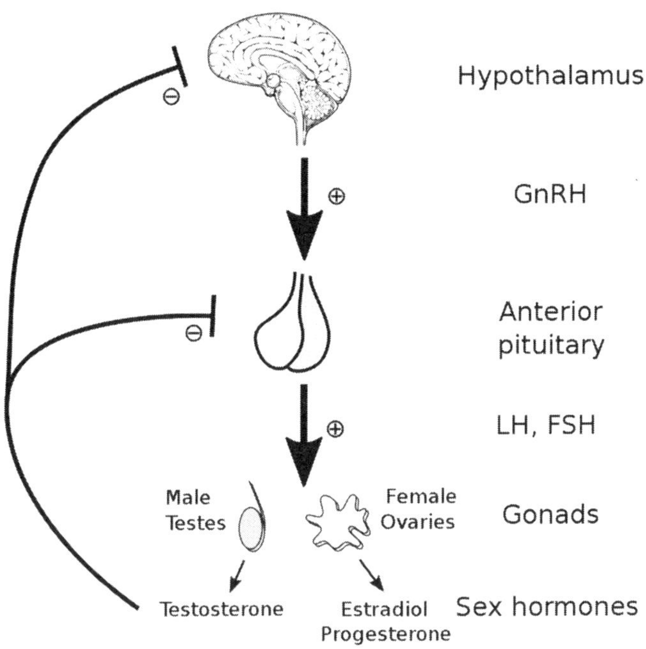

[그림 4] 시상하부-뇌하수체-성선 호르몬 고리; 시상하부에서 분비된 GnRH가 뇌하수체 후엽을 자극하여 LH 및 FSH를 분비시킨다. LH 및 FSH는 혈류를 타고 난소와 정소에 도달하여 각각 여성 또는 남성호르몬을 분비시킨다.
https://commons.wikimedia.org/wiki/File:Hypothalamic%E2%80%93pituitary%E2%80%93gonadal_axis.svg#/media/File:Hypothalamic-pituitary-gonadal_axis.svg

1) 성선자극호르몬 방출 호르몬(gonadotropin releasing hormone; GnRH)

시상의 밑에 위치하는 시상하부를 구성하는 GnRH 뉴런이 GnRH을 만들어서 뇌하수체로 보낸다. 뇌하수체를 구성하는 세포막에 있는 수용체가 GnRH와 결합하여 세포 안으로 신호를 보낸다.

2) 황체 호르몬(leutinizing hormone; LH) 및 여포 자극 호르몬(follicle stimulating hormone; FSH)

GnRH 신호를 접수한 뇌하수체는 LH와 FSH를 생합성하여 혈류로 분비한다. 이 두가지 호르몬은 혈류를 타고 성선에 도달한다. LH 또는 FSH는 성선을 구성하는 세포의 막에 있는 각각의 수용체와 결합하여 세포질로 신호를 전달한다. 이 신호는 난소 또는 정소에서 에스트로겐 또는 테스토스테론의 생성과 분비를 촉진한다.

3) 에스트로겐 및 테스토스테론

성선에서 합성된 에스트로겐 또는 테스토스테론은 혈류를 타고 시상하부에 도달한다. 성 호르몬은 스테로이드 계통의 물질이기 때문에 확산에 의해서 세포막을 통과하여 세포질에 도달한다. 성 호르몬의 생물학적인 기능은 수용체와 결합해서 이루어지기 때문에 성 호르몬 수용체를 가지고 있는 세포만이 성 호르몬에 반응할 수 있다.

4) 키스1(Kiss1) 뉴런

시상하부를 구성하는 세포 중에 키스1 뉴런은 성 호르몬 수용체를 가지고 있어서 에스트로겐 또는 테스토스테론과 결합하여 모종의 생물학적 기능을 수행한다. 혈중의 성 호르몬의 농도가 높아지면 키스1 뉴런은 GnRH 뉴런에 신호를 보내서 GnRH의 생성을 억제한다. 반면에 혈중의 성 호르몬의 농도가 낮아지면 키스1 뉴런은 GnRH의 합성을 촉진하는 신호를 GnRH 뉴런에 보낸다.

2. 성 행동(sexual behavior)

인간의 성행동은 인간이 자신의 성욕을 경험하고 표현하는 방식이다. 이는 자위에서부터 상대방과 함께 하는 여러 가지 형태의 성행위를 포함한다. 우리는 성 행동을 통해서 성적 흥분과 쾌감을 경험할 뿐만 아니라 상대방에게 심리적인 표현을 하는 방법이기도 하다. 우리는 여기에서 상대방과 함께 하는 성 행동에 한정해서 논의하고자 한다. 성 행동은 상대방을 찾는 행동부터 성교를 마치는 과정에서 나타나는 다양한 행동의 양상을 모두 포함한다. 따라서 인간의 성 행동은 여러 가지 요인들이 작동하여 이루어진다. 성에 관한 사회적, 종교적, 도덕적, 문화적 가치와 규율들이 성 행동에 상당한 영향을 끼친다. 그러나 우리는 본 장에서 성 행동에 미치는 뇌 과학적 요인들에 한정해서 논하고자 한다.

2-1 성 행동을 결정하는 뇌

성 행동에 관한 말 중에 뇌의 역할을 강조하는 말이 있다; "모든 것은 뇌에 있다(everything is in brain)" 인간의 성 행동은 성적 요인뿐만 아니라 사회, 종교, 도덕적인 규율과 가치 같은 복합적인 요인에 의해서 결정된다. 때문에 우리들의 성 행동을 조절하고 추진하는 뇌의 영역도 이러한 요인들을 인지하고 추진하는 영역을 포함할 것이다. 뇌의 구조와 성 행동 사이의 기능적 관계에 대한 연구가 이제까지 생쥐에서 주로 이루어졌기 때문에 생쥐에서 밝혀진 과학적 정보를 위주로 설명하고자 한다.

1) 앞쪽 중앙 편도체(anterior medial amygdala)

편도체는 포유류에서 감정의 형성과 기억을 조절한다. 앞쪽 중앙 편도체는 성에 따라 크기가 매우 다르다. 수컷 생쥐의 것이 암컷의 것보다 2배 이상 크다.(그림) 특히 수컷의 경우에, 앞쪽 중앙 편도체에서 나온 축색은 '배쪽 중앙 시상하부 핵'에 집중적으로 도달한다.

2) 배쪽 중앙 시상하부 핵(ventro-medial hypothalamic nucleus; VMH)

시상하부는 인간의 생식과 생존에 기본이 되는 수면욕, 식욕 및 성욕을 조절하는 부위이다. 배쪽 중앙 시상하부 핵의 크기에서 수컷의 크기가 암컷보다 10배 이상 크다(그림). 시상하부의 이 부위는 앞쪽 중앙 편도체에서 나오는 축색과 시냅스를 형성하여 편도체가 보내는 정보를 접수하는 역할을 한다. 이와 같이 편도체-시상하부 사이에 연결되는 망은 편도체에서 형성되는 여러 가지 감정 상태가 성 행동에 상당한 영향을 끼친다는 것을 시사한다. 배쪽 중앙 시상하부 핵은 수컷 생쥐의 성 행동에 가장 크게 영향을 끼친다. 실제로 이 부위의 크기가 정상적보다 작은 수컷 생쥐는 성적으로 성숙된 후에 여성적 성 행동을 나타낸다.

3) 해마체(hippocampus)

해마체는 단기 기억을 형성하는 곳이다. 해마체의 CA1을 구성하는 피라미드 뉴런의 수상돌기 가시의 밀도가 암컷의 배란기에 30% 이상 커진다.

4) 후각계(olfactry system)

포유류에서 성 행동에 영향을 끼치는 요인에서 냄새를 빠트릴 수 없다. 우리가 잘 아는 바와 같이 페로몬(pheromone)은 이성 간에 끌림을 유도하는 물질로 잘 알려져 있다. 인간의 경우에도 이성의 특별한 냄새에서 성적 매력을 느끼는 경우가 많이 있다. 이는 후각계가 성 행동을 유발하는데 중요한 역할을 한다는 것을 시사한다. 실제로 우리들의 코에 있는 후각 세포인 '승모상 세포(mitral cell)'는 이성에게 끌림을 유발하는 냄새를 인지해서 그 신호를 시상하부에 있는 GnRH뉴런에 전달한다. 따라서 페로몬은 궁극적으로 GnRH 뉴런은 성선 자극 호르몬을 증가시켜서 성 호르몬의 분비를 촉진함으로써 성 행동을 유발하는 것이다.

3. 성적 성향(Sexual Orientation)

인간의 성 행동은 위에서 살펴본 바와 같이 뇌의 여러 부위가 협력하여 창출하는 결과라고 할 수 있다. 인간의 성적 성향은 크게 세 부류로 나뉜다. 첫째, 이성애는 여성과 남성 사이에 성 행동을 취하는 부류이다. 둘째, 양성애는 여성과 남성 모두에게 끌려 성 행동을 취한다. 셋째, 동성애는 동일한 성에만 국한하여 성 행동을 취하는 부류이다. 신경과학자인 사이몬 르베이(Simon LeVay) 교수는 인간의 성적 성향과 뇌와 관계를 연구하여 다수의 논문과 책을 출판해오고 있다. 여기서 그의 대표적인 저서인 '성적인 뇌(sexual brain), MIT press'의 내용을 파악하여 인간의 성적 성향을 결정하는 뇌의 구조를 이해하고자 한다.

[그림 5] 성적 성향의 분류

3-1 성적인 뇌(sexual brain)

르베이 교수는 인간의 성 행동을 결정하는 뇌의 부위로서 시상 하부에 주목했다. 시상 하부는 성, 수유, 음주, 심혈관 기능, 체온 조절, 스트레스, 정서적 반응, 성장과 같이 생존과 생식에서 중요한 기능을 조절하기 때문이었다.[2] 르베이 교수는 인간의 시상하부 핵의 하나인 '앞쪽 시상하부 제3 사이질핵(the third interstitial nucleus of the anterior hypothalamus; INAH-3)'와 성적 성향 사이의 연관성에 관한 연구 내용을 그의 저서에서 논의하였다.

1) 앞쪽 시상하부 제3 사이질핵(INAH-3)

인간의 INAH-3는 시상 하부의 세 번째 사이질 핵이다. 생쥐를 비롯하여 원숭이에서, INAH-3에 해당되는 부위가 성적 행동을 조절하는데 결정적인 역할을 한다는 것이 보고되었다.[3][4]

1-1) 이성애(heterosexual)

INAH-3의 크기는 성인의 경우에 연령에 관계없이 여성보다 남성에서 현저히 크다.[1]

1-2) 동성애(homosexuality)

르베이 교수는 저명한 과학학술지 사이언스(Science)에 출판한 자신의 논문에서, 이성애 남성의 INAH-3의 크기가 동성애 남성이나 이성애 여성보다 크다는 사실을 보고하였다. 특히 동성애 남성의 INAH-3의 크기는 이성애 여성과 비슷하다고 밝혔다. 르베이는 동성애자와 이성애자 남성 사이에 발견되는 INAH3의 구조적 차이는 태아기 또는 신생아 초기 단계에서 결정될 것이라고 제안하였다. 이는 우리가 앞에서 논의한 바와 같이 생쥐 수컷 태아의 앞배쪽 시상하부 핵의 발달이 태아와 출생 후 일정 기간 내에 결정된다는 연구 결과에 의한 제안이었다.

1-2) 동성애(homosexuality)

네델란드 신경과학자 딕 스와브(Dick Swaab) 교수는 르베이 교수의 주장을 뒷받침하는 논문을 발표하였다. 스와브 박사는 INAH-3 크기와 성적 정체성의 다른 측면을 연구했습니다.

1-3) 성전환애(transsexuality)

네델란드 신경과학자 딕 스와브(Dick Swaab) 교수는 INAH-3의 크기와 성전환애자 사이의 연관을 보고하였다, 여성에서 남성으로 성전환한 사람의 INAH-3의 크기는 정상 남성의 크기와 비슷했다. 반면에 남성에서 여성으로 성전환한 사람의 INAH-3의 크기는 정상 여성의 크기와 유사했다.

이제까지 논의한 내용을 요약하면, 시상하부에 있는 핵의 하나인 INAH-3이 인간을 포함하는 포유류의 성 행동과 성적 성향을 조절하고 결정하는데 핵심적인 역할을 하는 것으로 여겨진다. 특히 이 핵의 발달과 분화는 태아의 특정시기와 갓 태어난 직후에 완성이 된다. 이 시기가 지나면 INAH-3의 발달과 분화는 불가역적으로 고정된 상태가 된다. 이와 같은 신경생물학적인 지식에 의하면 인간의 성 행동과 성적 성향은 태아 시절과 갓 태어난 시기에 결정된다고 할 수 있겠다. 사회, 문화, 철학, 종교, 도덕과 관련되는 여러 가지 가치와 규율이 후천적인 요인으로서 성 행동과 성적 성향에 끼치는 영향을 고려하지 않았음을 염두에 둘 필요가 있겠다. 동시에, 우리는 이제까지 발표된 신경생물학적 정보와 지식을 바탕으로 성적 정체성이 상당한 부분이 뇌의 발달과 깊은 연관이 있다는 것을 이해하였다.